寻求建筑与城市规划的新伦理

托马斯·赫尔佐格序

可 持 续 建 筑 译 丛

走向建筑与城市规划的可持续设计

[法]玛丽·埃莱娜·孔塔尔
[德]贾娜·雷维丁　编著
苏怡　齐勇新　译

中国建筑工业出版社

著作权合同登记图字：01－2009－6382号

图书在版编目（CIP）数据

走向建筑与城市规划的可持续设计/(法)孔塔尔，(德)雷维丁编著；苏怡，齐勇新译．—北京：中国建筑工业出版社，2012.4
(可持续建筑译丛)
ISBN 978－7－112－13955－2

Ⅰ.①走…　Ⅱ.①孔…②雷…③苏…④齐…　Ⅲ.①建筑设计－可持续性发展－研究　Ⅳ.①TU2

中国版本图书馆CIP数据核字（2012）第012644号

Sustainable Design: Towards a New Ethic in Architecture and Town Planning / Marie-Hélène Contal, Jana Revedin

责任编辑：孙　炼
责任设计：赵明霞
责任校对：张　颖　赵　颖

可持续建筑译丛
走向建筑与城市规划的可持续设计
[法]玛丽·埃莱娜·孔塔尔
[德]贾娜·雷维丁　编著
苏怡　齐勇新　译
*
中国建筑工业出版社出版、发行（北京西郊百万庄）
各地新华书店、建筑书店经销
北京嘉泰利德公司制版
北京画中画印刷有限公司印刷
*
开本：787×1092 毫米　1/16　印张：11¼　字数：356 千字
2012 年 12 月第一版　2012 年 12 月第一次印刷
定价：89.00 元
ISBN 978－7－112－13955－2
(21979)

目 录

序——托马斯·赫尔佐格 ·· 7

从先锋派到可持续——贾娜·雷维丁 ·························· 8

2007 年度"全球可持续建筑奖"获奖者

斯特凡·贝尼施　斯图加特，德国 ····························· 14

　"我们努力建造适度舒适的工作和居住空间。"

　—泰伦斯·唐纳利细胞及生物分子研究中心 ················ 18

　—哈佛奥尔斯顿科学中心 ······························· 22

　—IBN林业及自然研究学院 ·························· 24

巴克里斯纳·多西　艾哈迈达巴德，印度 ····················· 28

　"我的建筑是有人情味的，是为特定气候所做的设计。"

　—桑伽，Vāstu Shipā基金会办公室和建筑师工作室 ········ 32

　—阿兰亚低收入人群住宅项目 ·························· 38

　—印度管理学院 ······································· 44

弗朗索瓦兹·埃莱娜·朱达　巴黎，法国 ······················ 46

　"我们建筑师最终一定要终止设计丰碑的想法。"

　—植物园 ··· 50

　—集市及其周边环境设计 ····························· 56

赫尔门·考夫曼　施瓦察赫，奥地利 ·························· 60

　"在巨大的社会职责与政治职责方面，我才刚刚起步。"

　—卢德施社区中心 ···································· 64

　—奥尔珀勒（OLPERER）庇护所 ······················ 70

　—ALLMEINTALWEG居住综合体 ······················ 76

王澍　杭州，中国 ··· 80

　"一堵石头墙就仿佛是一株植物，它是会生长的。"

　—中国美院象山校区 ·································· 84

　—五散房，鄞州公园 ·································· 90

2008 年度 "全球可持续建筑奖" 获奖者

法布拉齐奥·卡罗拉　那不勒斯，意大利 · 96

"本土材料及工艺给建筑定义了一个新的传统道德准则。"

—KAMBARY旅馆 · 100
—传统医药地方中心 · 104
—文化和社会中心 · 108

Elemental事务所　圣地亚哥，智利 · · · · · · · · · · · · · · · · · · · 112

"在投资不变的前提下，民主合作会带来更大的效益。"

—贫民区百户家庭回迁项目 · · · · · · · · · · · · · · · · · 116
—镜像住宅（LO ESPEJO）——社会保障房项目 · · · · · 122
—Renca居住区——安置房项目 · · · · · · · · · · · · · · · 126

乡村工作室　纽伯恩，阿拉巴马，美国 · · · · · · · · · · · · · · · · 128

"我们简朴的可持续性源自于必要性。"

—消防站和村镇大厅 · 133
—阿克伦市男孩女孩俱乐部 · · · · · · · · · · · · · · · · · 138
—社区中心/玻璃教堂 · 140
—安提阿浸信会教堂 · 142

菲利普·萨米恩　布鲁塞尔，比利时 · · · · · · · · · · · · · · · · · 144

"无论从什么高度看，结构体系都会充满着令人惊叹的诗意。"

—火车站顶篷加建工程 · 148
—消防站，豪滕商务区 · 156

卡琳·斯玛茨　开普敦，南非 · 160

"可持续是关于人的。"

—DAWID KLAASTE中心 · · · · · · · · · · · · · · · · · · · 164
—GUGA S'THEBE——艺术、文化和遗产村落 · · · · · · 170
—WESBANK小学 · 172

附录 · 176

作者介绍 · 177
获奖者介绍 · 178
图片致谢 · 180

序

托马斯·赫尔佐格

　　"可持续"涵盖的内容非常广泛：它体现在材料的选择与找寻方面、材料的运输和使用所消耗的能量方面、建造施工方面、材料的热工性能方面、保证材料正常发挥作用所消耗的能量方面、维护保养方面、耐久性方面、使用的内部灵活性方面、新技术在供给、清理和远程通信等方面的适应性、对拆除或重建的适应性以及改造和重复利用的可能性等方面；当然，特别是体现在因地制宜地利用自然光以及利用太阳能采暖、制冷和发电方面。但是我个人认为，只有在极个别情况下，才有必要实现"能量的完全自主"。地球从太阳那里接收到的辐射热比人类所需的全部总能量要高出很多倍，问题就在于如何去开发利用这种潜在的能源。

　　事实上，满足建筑的热工需求所消耗的能量已经降到了过去一两年的 1/4 或 1/5。

　　如今，我们应该让所有人都认识到这个结果，而不是卖弄所谓的"零能耗建筑"。毕竟这并不是什么奥林匹克运动会章程的问题，而是要全面地去看问题，要大幅度降低能源消耗或是去积极开发利用太阳能。

　　因此，我们应该把对待单体建筑能耗的态度应用到整个城镇和城市中去，并且采用与单体建筑相同的处理办法，即：关注所有相关的因素，了解它们是如何相互作用的，并且找到可以整合到现有体系中的新的研究模式。

　　我要特别提醒那些认为在这方面有窍门可寻的想法。城市与城市之间确实存在一些共性，但是在品质和内在联系方面却存在着巨大差异。在任何一个城市中，可持续并不仅仅与建筑相关，它还与城市规划所带来的交通问题、供给和垃圾处理系统、潜在能源、改变当前现状的举措以及其他诸多问题都相关。

　　我确信，在世界性的生态危机所造成的极其复杂的现实情况下，建筑师扮演着关键性的角色，因为他们的职业责任受到了直接的冲击。总而言之，大约 40% 的一次能源都消耗在建筑及其使用过程中，至少在欧洲中部是这样。而城市规划中的不当举措又造成了更多的化石能源的损耗。[1]

---

[1] 摘自与 Francesca Sartogo 的谈话。

布鲁诺·陶特（Bruno Taut），玻璃馆，
德意志制造联盟展览会，科隆，1914年。

"对于路斯或是勒·柯布西耶而言，现代性体现在它与历史和文化的密切联系中（…），体现在它与城市的关系中，这一关系要求任何一种发展和革新都必须符合现有城市的标准。"[1]

从先锋派到可持续

贾娜·雷维丁

鉴于在接下来的 20 年中，全球将会增加 20 亿需要得到人道主义安置的人口，因此，建筑学是一个前景光明的职业。此外，考虑到尽管全球面临着能源短缺的问题，但是危害环境的新市场仍在快速持续扩张的现实，所以人们需要对建筑学以及将技术技能、社会技能与政治承诺联系在一起的社会进行全面的认识。其实，在 20 世纪初期——改革的全盛时期也曾出现过这种需求。从过去几十年天花乱坠的建筑宣传中就可以看出，建筑理念中的专业性和免费公益性曾经是传统，如今却被抛到九霄云外。建筑变成了为满足商业、节日庆典和市场需要而服务的。人们参观建筑也不过是把它们当成背景，也许只是偶尔才会去认真地感受它们，能够得到大量操作资金，并且能够按照可持续发展的原则进行投资建设的建筑则是寥若晨星。

令人震惊的环境数据、不断攀升的能源价格以及不负责任的投资所导致的全球性经济危机等等，都注定了建筑师将是新体系的协调人。每一个人、每一个家庭、每一对年长的夫妇、每一个单亲母亲，今后都将为了建立一个更稳定或是更美好的生存环境、为了能源供给的可持续性、为了清洁的水源和绿色交通而不得不作出更多的投入。我们这些设计师则需要从根本上对建筑学进行"重新思考"。基础设施隐性的（具体的）能源消耗、土地改良、非本地材料所导致的交通成本、垃圾处理、回收利用以及平面灵活性不足等问题都需要予以考虑，因为从能源消耗的角度来看，它们同建筑每年在采暖和空调方面所耗费的能源数量是旗鼓相当的。

城市密度的不断增加将成为 21 世纪的核心问题，随之而来的则是文化的整合以及灵活的工作与生活方式等概念，它们引发了全球移居的问题。与此同时，在如何经济而又巧妙地解决力学、比例、结构以及整合设计的问题上，我们需要回归工匠和专家的本色。在我们长达上千年的居住史中，前人对于设计项目所在的特定区域的地理、构造和气候条件曾进行过细致的研究。在利用太阳能和风能方面，在利用地热能进行采暖和制冷的可能性方面，在利用重力、水力和光能等方面，传统技术必然会在建筑学的教学和实践中再次找到施展的空间，并通过创新优化来适应当地环境的要求。

---

[1] Rosaldo Bonicalzi：阿尔多·罗西介绍，文集，《阿尔多·罗西：1956 ~ 1972 年建筑与城市文集》（*Aldo Rossi: Scritti scelti sull'architettura e la città 1956-1972*），Clup 书局，米兰，1975 年（1983 年英文版）

建筑师，生于1960

　　我们很幸运，因为我们身处20世纪80年代的富足社会，身处世界上以"某地制造"而闻名的设计之都，并且我们还能向那些谦卑地认为自己只是城市建设者的大师们取经。"建筑师是一个学过拉丁文的匠人"，这就是阿道夫·路斯对自己的职业所下的定义。我们应当去学习认识场所、材料和技艺，应当学会去尊重甚至去爱那些设计建筑和实现建筑的人。我们对某种特定建筑文化传统进行了研究（这些传统在当时简直就是离经叛道），对欧洲城市的建筑进行了研究[1]，还对社会关系、社会学关系以及很多其他至关重要的关系进行了探究。我们只相信"公认"的先锋派大师[2]。在当时，建筑与高级女式时装都不需要借助那些光鲜亮丽的杂志来做宣传。伊夫·圣罗兰（Yves Saint-Laurent）的第一个设计是给他的左岸品牌（Rive Gauche）的学徒们设计的外出服装。与此同时，阿尔多·罗西写道："当建筑高度理性、综合并且可以被传承下去的时候——换句话说，就是当它可以被视为一种风格的时候，建筑……将会开启新时期全体公民和政治的新篇章。"[3]建筑是政治意志的体现，是一种冒险行为，也是一个宣言。"如果城市无法自己作出选择的话，那么是谁最终决定了城市的形象——一般总是并且只能是通过政治体制来实现……雅典、罗马、巴黎都是各自政治的产物，是它们集体意志的体现。"[4]

　　那些经历过20世纪80年代从工业化时期易于管控的市场向知识全球化和消费社会转变的人们会非常清楚地知道，将某些技术和经验真理从一个领域移植到另一个领域通常都会面临重重困难并且还会付出代价。在奥兰多，精心挑选的意大利macchia aperta大理石板（有着切割出的天然拼接纹理）采用了2厘米宽的水泥拼缝进行铺砌，这不仅非常不协调，而且总体效果也毁于一旦。此外，米兰城市住宅的屋顶木桁架的规格尺寸是依照军事桥梁的坚固程度来确定的——成本投入上也完全一样。

千禧年之初的行业

　　如果人们觉得在新千年中世界变得越来越小，而且对它的了解也越来越多的话，这是因为有了新的通信技术的缘故。但事实上，我们的世

路德维希·密斯·凡·德·罗，砖和钢的乡村住宅，1924年。（上）

卡琳·斯玛茨，社区中心，Westbank，开普敦，2008年。（下）

[1] 阿尔多·罗西《城市建筑学》（*The Architecture of the City* 1966年版，1982年英文版）是当年的世界畅销书。罗西在书中分析了欧洲城市的历史性结构，介绍了他的"场所"（Locus）和"城市生态学"（Urban Ecology）的理念。在他后来的"建筑与城市"（*Scritti scelti*）文集（1975年版，1983年英文版）中，他详细陈述了对几位先锋派前辈的认识，包括贝伦斯、密斯·凡·德·罗、路斯和柯布西耶等等。

[2] 贾娜·雷维丁：《开放空间的现代理念》（*The modern concept of open space*，米兰出版社，1991年）。书中分析了先锋派通过对民主城市的绿地所进行的经济的、灵活的和有益健康的空间规划对于改善贫困社会的生活品质所做的努力。此后，在由威尼斯出版社2000年出版的《纪念碑与现代事物：新城镇建设的要素》（*Monument and the Modern: the elements of construction of the New Town*）一书中，她将变革时期"新城市"的类型、材料、比例与自然环境中的有机形态进行了对比。

[3] 阿尔多·罗西，引自《城市建筑学》中"城市人工制品的特质"（*The Individuality of Urban Artifacts*）一章，麻省理工学院出版社，1982年，第116页。

[4] 阿尔多·罗西，引自《城市建筑学》中"抉择的政治"（*The Politics of Choice*）一章，麻省理工学院出版社，1982年，第162页。

界日渐贫穷，日渐拥挤，而且情况还愈演愈烈。我们面临的已经不再是如何繁荣发展的问题了，而是如何应对能源短缺的问题、如何为几十亿无家可归者提供最低限度的人道主义救助的问题，还有如何应对流行病、恐怖分子、自然灾害等问题。在当今这个时代，还有谁能承担由于没向客户提出功能合理、适宜建设、运用集成措施以及可持续发展等方面的建议所造成的后果呢？还有谁不想尝试着让自己的房子做到零能、零碳并且成本还很低廉呢？

与此同时，明星建筑（star architecture）还在与魔鬼起舞，它们带着胜利的虚荣横扫新的行业市场。在南半球和东方的经济新兴都市中，那些铺张浪费的、反重力造型的神殿式（temple）建筑对太阳能、风能和地能视而不见，在疯狂扩张的城市中，它们在试管建筑（test-tube architecture）中占据着主导地位。不可替代的自然栖息地纷纷给设计师笔下的度假区让路，变成了供那些盲目消费的世界旅行家消遣的虚幻世界。

当灵感和希冀通过那些古老而熟悉的书籍和建筑在向我们倾诉之时，当我们面临重重困难而建筑师的职业责任又让我们从中找到新的自信之时，我们回顾过去，就会想起发生在不久之前的那场危机时刻的改革：就在 20 世纪，在短暂的时空之中，一小批先锋派设计师改变了建筑师在世纪末的颓废形象，他们是克制、节俭并且有社会责任感的手工艺者、城市建设者和工业设计师。

回顾：城市规划师和改革时期的设计师

工业化时代带来了新的挑战、新的程式和新的言谈标准。人们满心期待地开始尝试新的材料，布鲁诺·陶特的玻璃馆[1]、密斯·凡·德·罗用钢和砖设计的乡村住宅[2]、贝伦斯和格罗皮乌斯的工业建筑和首批工业预制住宅和居住区[3]，以及门德尔松的爱因斯坦天文台等等[4]，在新的建造方法所带来的特有的形式语言方面，它们都是先锋派的里程碑。"当前面临的挑战是，如何借助艺术化手段寻找到与机器和大规模生产相匹配的形式语言"[5]，1907 年，贝伦斯这样写道，他发现了一个可与技术

沃尔特·格罗皮乌斯，托滕社区（Törten Estate），德绍，1927 年。（上）

阿莱桑德罗·阿拉维纳，Renca 3 号楼，圣地亚哥，智利，2008 年。（下）

[1] "玻璃馆"是为 1914 年在科隆举办的德意志联盟展览会设计的，它极富表现力地向人们展现了玻璃工业的新成就所带来的令人惊叹的设计和结构体系。

[2] 设计采用了钢柱柱网，这使得平面布局更加自由，由此将功能的灵活性同本地的耐久材料、自然光线和那些非常讲究的通向室外场地的出入口结合起来。

[3] 德国通用电气公司透平机车间建于 1909 年，因其合理的平面布局、出色的材料运用以及最大限度地利用了自然光而被人们视为设计史上的一个里程碑。用材精简的倾向在贝伦斯的学生格罗皮乌斯和阿道夫·梅耶所设计的阿尔费尔德的法古斯工厂（1911 ～ 1925 年）以及为 1914 年德意志联盟展览会建造的工厂中得到了进一步发展，这些设计将贝伦斯的"古典主义"构型打散，并形成了特定功能的附加元素。

[4] 由埃里克·门德尔松设计的位于波茨坦的爱因斯坦天文台（1917 ～ 1924 年），在设计之初采用了革命性的混凝土结构，但后来出于安全的考虑改成了砖结构，它是对新的空间和结构体系的一次尝试；门德尔松长久以来在全国境内以及之后在以色列设计了一系列的百货商店、电影院和旅馆等项目，它们的优点就在采用钢和玻璃的结构形式，从而让平面布局更为灵活。

[5] 彼得·贝伦斯，见 1907 年 8 月 29 日《柏林人日报》（Berliner Tageblatt）的"技术中的艺术"（参见布登西格翻译的英文版"艺术与技术"第 207 ～ 208 页）。

世界相匹配的方式，通过"重复复制以及采用表皮将内部结构紧紧包裹起来的方式体现对内在结构的尊重"。[1]

因此，住宅、城市设施和工业化预制成了当年划时代的主题。包豪斯及其狂热的教师们将遭受剥削的工人阶级从脏乱的出租房里解放出来，他们创造了充满阳光和新鲜空气的花园城市，在绿树成荫的市民公园里划分出了自给自足的花园，采用预制干法施工的方式以成本价[2]设计出了可以不断"生长的住宅"，在井然有序的绿色道路中建立了公共交通系统，此外还有丰富多彩的幼儿园、电影院、学校、音乐厅和节日大厅等等。

经济性就是标准，公共空间的设计不仅要在维护和保养上简单方便，还要距离短、采用地方材料、并能在绿化空间的使用上自给自足等等。与此同时，建筑应该令人愉悦，能让人们认同，并能与人们之间建立起情感关联。德国的 Hellerau、Dammerstock、Onkel、Toms Hütte、Hufeisensiedlung、Törten、Niddaaue、Weißbenhof 以及 Werkbund 等地产商在技术方面并非总能走在前面，但是它们一直以来都很有市场，而且至今保持着较为稳定的租用率并在客户中大受欢迎。这些地产商探讨了最低限度的生活水平应该对应着怎样的价格、多大的面积以及什么样的建造标准等问题，他们尝试了工业化施工并且发展出了"原型—灰色—节能"（proto-grey-energy）的理念。材料、产品、就业情况、物流以及资金等因素都被计入了总支出。而沃尔特·格罗皮乌斯则在充满激情地研究如何利用干作业和半干作业的装配技术进行"机械化施工"，例如他在 Weißbenhof 地产的示范建筑上所进行的尝试——甚至用在了"小屋营地"（hut camp）的立面上（该举措遭到了他学生的批判），这与马丁·瓦格纳所主张的机械化是应对大规模住宅建设的唯一途径的观点相一致。[3]布鲁诺则将这个问题看做国家的经济问题，并且向社会和政府呼吁："在1926年的布里茨，面积最小的户型（47m²）每月租金只有45马克。我们也愿意相信并且满心希望一切都在向好的方面转变，但是，上涨最快不是其他东西，而是利率……"[4]

由于遭受了纳粹的短期压制，人道的、可持续的以及经济性的原则在20世纪50年代历经了一场欢欣鼓舞的复兴，但却因为急于复兴而逐渐导致了品质的降低，也可以说，是在新的集权主义者手中变成了"国际风格"，它成为一种日益肤浅并席卷全球的现象。在战后快速建设时期以及随后的经济繁荣期，人们在道路两侧就可以感受到现代民主所带来的令人愉悦并且丰富多彩的各式住宅、外观节制的多功能公共建筑以及各类城市设施等等。

---

[1] 彼得·贝伦斯，见 1909 年通用电气公司报，第 11 年度，第 12 期，5～7 页"关于工业美学"（*Über Ästhetik in der industrie*），[参见布登西格翻译的英文版《贝伦斯的工业美学》（*Behrens on Aesthetics in Industry* 第 208～209 页），也可参见蒂尔曼·布登西格（Tilmann Buddensieg）的《工业文化：贝伦斯和通用电气公司》（*Industriekultur: Peter Behrens and the AEG*），1907～1914 年，剑桥，麻省理工学院出版社，1984 年。

[2] 在工业联盟的资助下，1931～1932 年，在柏林举行了一次以"生长的住宅"为题的设计竞赛，参与人名单看上去就仿佛是对年轻的先锋派都有哪些人的回答，其中包括格罗皮乌斯、陶特、门德尔松、玛吉、奥别列去、夏隆、哈林以及竞赛的发起人——市政建筑师马丁·瓦格纳。竞赛中出现的大量工业预制构件都是依据生态、经济的原则并采用新材料设计出来的，这些构件被设计成为可让平面（以 25m² 为基准）延展生长的"零件"。

[3] 马丁·瓦格纳，引自《房屋》（*Wohnungswirtschaft*），1926 年，P81～114，"*Groß-Siedlungen. Der Weg zur Rationalisierung des wohnungsbaus*"。

[4] 布鲁诺·陶特，引自《房屋》，1930 年，P315～324，"针对当前"（*Gegen den Strom*）。

阿道夫·路斯，摩勒住宅（Haus Möller），维也纳，1930年。（上）

赫尔门·考夫曼，俯瞰多恩比恩市（Dornbirn）的住宅，2007年。（下）

海因里希·泰森诺，海滨浴场竞赛，吕根，1936年。（上）

弗朗索瓦兹·埃莱娜·朱达，集市，里昂，2005年。（下）

建筑师·当代

人口增长和能源危机、如何在现有的城市结构中创造生活环境和产品环境、市政设施和施工建设的合理化、最大限度地减少全球能源消耗以及整合设计（integrative design）等等，都是当今建筑师所面临的问题，但却不是什么新问题。对于建筑团体、学校、实验性组织以及政府规划部门而言，以往的行为虽说主要是各自行动，但从社会层面上看仍然是综合性的。而现如今，虽然采用了全球操作的方式：组建由工程师、社会学家和能源顾问组成的国际研究团队，但却并不总是那么有效，并不总是那么成规模，也并不总是那么人道。伴随着我们进入知识时代，建筑师的新定义也将随之出现。

在这本书中，我们通过十位同行的工作、生活和旅途来告诉人们，我们当今面临的这些重大的、令人担忧的问题，完全有可能通过小规模的、简单的但却绝对奏效的办法来解决。没有人能够找到结构轻、一次性能源消耗量极小、耐久性超强、极易维护而且适用性极其灵活的方法。但另一方面，投资的可持续性、能源意识的普及以及树立本土化意识等建筑方法则是数十年以来都非常有效的。

当我们把当代的非洲、中国、拉丁美洲或是中欧地区的生活环境和经济形势作对比时，就会发现南北半球的巨大差异。斯堪的纳维亚人和北欧国家由于受到诸如阿道夫·路斯、阿尔瓦·阿尔托或是让·普鲁威（Jean Prouvé）等人的影响，他们的建筑和设计忠实于材料、使用方便并且耐久，而地中海国家却只是迟疑地承认，他们也同样有着寒冷的冬天和炎热的夏季。而前面那些殖民国家则首先尝试着从"文化占领者"留下的那些对气候和传统几乎没有任何关注的遗留建筑中艰难地摆脱出来，尝试找到属于自己的、现代的、扎根传统但又不受过去束缚的建筑。

北部（the North）

来自奥地利福拉尔贝格的建筑师赫尔门·考夫曼说："最重要的，是我们需要共同协作去把握未来[1]"，他强调了自己在强制推行严格的法规和环保认证方面的政治立场，甚至要求社会保障房也要这样去做："强制推行这些标准不仅会促使建设单位加快学习的速度，而且还会促使他们积极地去拓展自身的能力，来应用那些新技术。"因此说，可持续是一种生活方式，要求人们能够自愿地接受约束。在这一点上，对于耐久性材料和创新技术方面的精准投入是对阿道夫·路斯提出的空间组合设计（Raumplan）的一种新的注解。

法国建筑师弗朗索瓦兹·埃莱娜·朱达补充说，"我们建筑师必须彻底放弃对丰碑式建筑的追求。"[2] 她在法国倡导让职业道德返璞归真，因

[1] 引自：《节能与建筑：什么人、什么时候、在哪里以及怎么做？》（*Energiesparen und bauen: wer, wann, wo und wie?*），与 Eva Guttmann 的讨论，《设计》第 30 期，2008 年。
[2] 弗朗索瓦兹·埃莱娜·朱达，引自贾娜·雷维丁为法国电视台第 5 频道（France 5）录制的访谈节目，里昂，2007 年 6 月。

为法国的人口在不断地减少，城市在不断地萎缩，"少"就是恰如其分（less is perfectly adequate）。利用基础材料和地方材料修建的朴素的示范建筑不仅对当地政府来说是可以负担得起的，同时也很耐久。

南部（the South）

对于充斥着人口爆炸、基础设施紊乱、自然灾害、流行病、毒品战争、大量性失业等问题的世界而言，情况可谓千差万别。为南非的黑人城镇工作了 25 年之久的卡琳·斯玛茨说："可持续是与人相关的问题。建筑给了人们自我定义和自由自主发展的可能。"[1] 她完成了几十个洗衣店、市场、学校、社区中心和美术馆的项目，所有这些项目都是在作坊里设计出来的，并由当地居民自己实施建造；她训练人们使用当地的生态建材并传授他们最基本的建造技术。

对于智利的阿莱桑德罗·阿拉维纳来说，发展中国家的居住问题（在接下来的 20 年时间里给 20 亿人口提供足够的住房）是一道简单的算术题，答案就是：在接下来的 20 年时间里，平均每周建起一座 100 万人口的城市，平均每个家庭耗资 1 万美元。[2] 他提出的具有可行性的低造价住宅理念促使人们离开简陋的罐头房，此外，他个人在建筑施工方面所取得的成绩也鼓励人们全程参与设计和成本核算，并承担起个人及社会的责任。

王澍，回收来的瓦片按照明代的建造方式进行铺砌，象山校区，杭州，2008 年。

而中国的王澍则回避了商业建筑设计领域，他通过手绘图来确定建筑的比例，并尽最大可能从建设场地中寻求灵感。在这里，他让那些日渐衰老的工匠们又有了存在的意义：在方圆几公里的范围内，将回收到的旧砖瓦按照它们在明朝时候的建造方式重新铺砌起来，"一堵石墙就仿佛是一棵植物，它必然是要生长的。"[3]

[1] 卡琳·斯玛茨，引自贾娜·雷维丁为法国电视台第 5 频道录制的访谈节目，开普敦，2008 年 4 月。
[2] 阿莱桑德罗·阿拉维纳，引自 Fulvio Irace 所著《Casa per tutti. Abitare la città globale.》米兰三年展 2008 年，第 18 ~ 21 页。
[3] 王澍，引自贾娜·雷维丁为法国电视台 5 频道录制的访谈节目，杭州，2007 年 5 月。

2007 年度"全球可持续建筑奖"获奖者

斯特凡 · 贝尼施

斯图加特，

德国

"我们努力建造适度舒适的工作和居住空间。"

泰伦斯·唐纳利细胞及生物分子研究中
心主立面。多伦多，加拿大。

斯特凡·贝尼施是一群先锋人物当中的一位，他们为"可持续建筑"（他更愿意称之为"气候与生态建筑"）的构成要素的论战奠定了基础。在欧洲，他设计的一些建筑已经成为这一新历史阶段的地标，例如，位于荷兰瓦赫宁恩的林业及自然研究学院。

1957 年，斯特凡·贝尼施出生于斯图加特，父亲甘特·贝尼施（Günter.Behnisch）是德国建筑界举足轻重的人物。他起先学习哲学和经济学，而后又在德国卡尔斯鲁厄（Karlsruhe）学习建筑学。1987 年，在美国加利福尼亚求学 2 年之后，贝尼施获得了学位。1988年，他加入了斯图加特的"贝尼施及合伙人建筑事务所"（Behnisch & Partner），并于 1989 年成立了一家气候建筑事务所。1999年，他在加利福尼亚开设了一家公司。现在，他的大部分业务都在美洲。随着位于马萨诸塞州剑桥的健赞（Genzyme）公司总部大楼的落成，斯特凡·贝尼施在美国已经被视为"可持续设计"实验领域的专家了。

在过去的 150 年中，如果一位欧洲建筑师能在国外立足，具有非比寻常的重大意义。西方那些了不起的建筑创新成果先是乘着船，后来是坐着飞机在大洋之间来来往往。这样的轨迹意味着，现在轮到贝尼施把"创新作品"和一个敞开怀抱欢迎它的"社会"联结起来了。在 2000 年世纪之交的时候，创新的力量仍在欧洲——德国是"可持续建筑"的卓越中心——而对此感兴趣并有能力实现的社会却在美洲——在过去 20 年里，加利福尼亚的知识社会早已经发展得如火如荼。

不过，这种交换从来不是单向的。在对外输出自己的建筑理念的过程中，欧洲人贝尼施找到了能够立足的世界，这个世界所赋予他的，与从他那里获得的一样多，而且还支持他发展自己的主张。人们经常忘记那些了不起的委托人所扮演的角色，他们自己往往是历史的前卫派，他们把项目交给建筑师，帮助建筑师确立对未来的主张。如果彼得·贝伦斯不曾为产业先锋们工作，他还会如此多产吗？同样的，起先是在欧洲，而后是在美国，斯特凡·贝尼施最想遇到知识社会中最具创新思想的人们，从而加入这个正在创造21 世纪社会的群体。

能源的主要问题

事实上，对贝尼施来说，可持续建筑最独特的地方并不是纯粹生态学的："我们如今在处理生态系统失衡方面所产生的一些问题，原因在于它定义上的局限性"围绕"可持续"一词的论战从未停止，参战者当中不乏"绿色企业家"和鼓吹消极发展的人。根据前人的

实例，贝尼施认为，对我们的未来而言，能源问题要比生态挑战更具战略性、更无所不在，能源的经济结构必须改革。这位从前的经济学学生充分认识到，改变能源就是改变世界，改变能源将必然为具有突破性的新发展赋予动力。换句话说，斯特凡·贝尼施拥有"乐观意志（乐观主义精神）"，对他来说，生态危机并不是"众神的没落"（Götterdämmerung），而是新的历史循环的开端，它将改变人类的追求和社会生活。

建筑必须为建立在新能源交易基础上的社会赋予形态。谁来定义可持续城市的伦理、社会和经济基础？贝尼施推想，到 2008 年，这些问题将通过与本世纪的前卫实业家们接触而得到解决，就像在 1908 年的时候一样。理由非常简单，因为这些可持续城市，如同当前已经衰落的工业城市一样，会成为发展背后的驱动力："保护我们的环境，将被视为绝对必要的，而且是潜在的发展机会。"

斯特凡·贝尼施过去的工作经历可以划分为两个 10年。第一个 10 年，他磨练自己的专业知识和方法——不同于绿色建筑理性主义的——用来设计低能耗、高协同的建筑。如今，到第二个 10 年，他把自己的技能投入到为制造商、实验室和大学设计非常尖端的项目。当然，这个广阔的领域并不能被具体而微地照搬到社区中，但它们却是未来社会及其实践活动的创造力。

非物质世界的人类工程学

1992 年，斯特凡·贝尼施开始与超日气候工程公司（Transsolar Climate Engineering）密切合作，这是一家研究新能源技术的尖端公司，是研究工作和研究人员的温床。在与之共同工作的过程中，贝尼施得以把他父亲的公司从一个出色的工作资源转化成气候建筑的实验室。他的追求沿着非同寻常的轨迹。在 20 世纪90 年代初，很多人通过建筑本身来实现可持续；他们研究建筑材料、墙体和可替代的能源，并发展出一套建造规范。从某种意义上说，这些是可持续建筑的硬件。斯特凡·贝尼施遵循这一过程，达到了这个课题的更深入的层面，进入建筑的使用阶段，即建筑物开始接纳人群的时候："我们能在哪儿有效地节约能源和材料？毫无疑问，使用者可以通过他们的行为和能源需求来影响建筑的生态价值"。从这个角度来看，更多的挑战是在于建筑文化，而不是在于建筑本身：可持续建筑是能够培养人的建筑，它教导人们在后石油时代应遵循怎样的行为规则，并微妙地重新塑造他们的举止。贝尼施用"舒适"和"康乐"这两个词来定义这

一与行为相关的可持续建筑的"软件"，或者，甚至可以说是"软能量"，因为他希望建筑能够成为指向可持续社会的友好向导。就这一点而言，我们随后将通过讲述贝尼施的"友好"概念来继续分析。古时候，这个词被用来评判建筑容纳和引导人们的能力。

在寻求当代的"友好"建筑的过程中，贝尼施不得不把他的方法从建筑的外围护材料重新定位到内部空间。这一探索不是针对建筑体系本身，而是关乎环境元素：气候、光线、空气、声音、颜色以及材质。所有的生态运动建筑师都曾作过这一类的分析，但贝尼施是在完全不同的道路上推进得更远。他和超日公司一起，建造了能够测量并且传输上述这些"流"的设施，例如德国吕贝克（Lübeck）LVA 国家保险公司的巨型太阳能烟囱，以及马萨诸塞州的健赞总部中庭里收集光能的"枝形吊灯"。

当贝尼施和他的非物质工程师们设计建筑的木框架和面板的时候，他们希望可以成功地管理能量交换（热能、太阳能、辐射能、等等），就像他的生态建筑中相对应的部分所能做的一样有效。贝尼施研究的是空间，也就是能量交换的场所。他在建筑的外围护结构里面建立了一个微气候。这样的建筑方案是从室内由内而外发展出来的，符合离心的动态，而不是遵循机能主义时代的"平面权威性"。这并不只是贝尼施一个人的贡献，相比之下，在一次争论中，有些人推荐了一种比过去更为苛刻的绿色机能主义。

如果我们从贾娜·雷维丁所建立的类比中，适当地选取 20 世纪和 21 世纪的前卫思想里相类似的作品，就能够想起来：现代运动是注重行为的，通过寻求人的尺度空间来塑造人。从勒·柯布西耶的模度到诺伊费特（Neufet）的桌子，现代人体工程学是建立在空间尺度的基础上，为适应人体而进行功能优化，这与当时的工业观念是相关联的。一百年之后，贝尼施所爱好的研究则创造出另一种类型的人类工程学：它是一种被赋予尺度的非物质流。空气或者光的比例构成一种气候，有利于（也就是说，友好的和致力于）优化人的智力，这个目标是与知识产业相关联的。科学产业和服务业更需要良好的头脑，而不是受过锻炼的身体。从知识社会出来的"新人类"是有责任感的享乐主义者，他们自己就是一个生态系统，居住在一个更大的、受保护的和令人振奋的生态系统中——"建筑允许个人定制他自己的工作空间，个性化地控制他自己所处的环境"。

友好的建筑

斯特凡·贝尼施的气候建筑所消耗的能源比信息少，就如同它内部容纳的活动一样，而且倾向于某种非物质化。如果他的作品中有一个空间构造，与其说它来自于贝尼施自己的愿望，还不如说是源于他所拥有的专业知识，因为他对空间的研究几乎是非构造性的。贝尼施的项目应当从剖面中予以解读，而不是从平面中，而且毫无疑问它正是以这种方式设计的，因为是剖面使得塑造空间和管理能量交换成为可能。这些剖面让人茅塞顿开，因为它们很清楚地揭示了建筑的体系：健赞的天井是个中庭，LVA 的大堂是一座小（竖向）城镇里充满阳光的活动广场，瓦赫宁恩研究所的套间天井是一条精准地控制着过渡空间的街道。贝尼施在大型项目中使用热与光的天井来部署他的"软能量"。他掌控着这些大空间，赋予无微不至的"友好"的感觉：包括每间办公室的门槛、小小的内部花园，当然还有最关键的因素，也就是所谓丰富多彩的大堂。按照贝尼施的说法，这样的"室内都市格调"是生态建筑的要素之一，它在那些建设中的美国项目里开展得更为深入：例如，位于波士顿的哈佛大学奥尔斯顿科学中心，还有匹兹堡的河滨公园。

从室外看，这种尖端的"都市化生态系统"并不是那么容易被认识到。但建筑的外围护已经不仅仅是外观了，而是成为交换系统的重要组成部分。外立面是玻璃的，这种材料有着贝尼施所需要的所有特性：生态的、容易施工、可程序化，而且本身就是交换系统（热、光、颜色）。在立面和屋顶部分，贝尼施的玻璃围护从未割裂内部与外界的联系；各种仪器设备（开敞日光、屏幕、集电极和阳光遮板）持续不断地与各种要素发生着相互关系、检测能量交换，什么都不能扰乱建筑立面所扮演的积极角色。我们惯常说，必须亲自观看，才能理解一个建筑作品。而对于贝尼施的建筑作品，除观看之外，人们还必须居住在这个空间里，经历季节的变化，才能理解它是怎样顺应变化的气候和各种不同追求的人的。

不过，这并不意味着贝尼施建筑的外围护必然是乏味的。恰恰完全相反，这一巨大的玻璃结构并没有使这个作品闭塞。小而密集的室内空间，通过与外围护交叉，从而产生很多细节：房间朝外突出，开窗的位置恰到好处，还有活动的百叶窗，这都是建筑师采用离心设计法的结果。在观看他的作品时，人们可能同样会想到 20 世纪 70 年代在德国出现的反权威主义建筑：那将是高技社会中生态建筑的一个极好的参考标准。

泰伦斯·唐纳利细胞及生物分子研究中心
多伦多，加拿大，2001～2005年

委托人：多伦多大学
建筑师：贝尼施建筑师事务所及建筑师联盟
结构工程师：Yolles Partnership Ltd.，多伦多
景观设计：Diana Gerrard Landscape Architecture
总占地面积：20750m²

多伦多大学及其实验室在与基因和疾病相关的研究领域处于最前沿。为了把最先进的研究成果应用在医药中，建立一个新（研究）中心被提上了议事日程。研究人员将来到这里开展多学科团队的研究项目，因此这个工作场所需要达到实用、灵活和促进协同增效的目的。

这个项目（TDCCBR）建在多伦多大学校园南部的学院路（College Street）上，它的远端是狭窄的死胡同，用作两个著名的研究院之间的停车场。为了适应这片狭窄的地块，贝尼施设计了一座又高又薄的建筑。在两片连续街区中，这座12层的高楼从周围脱颖而出，通过完全被玻璃包裹的立面来获取光线。

建筑首层设计成一个巨大的前厅，背朝Rosebrugh大楼，于是那片古老的砖墙立面就构成了室内庭院的底景。庭院被处理成一座花园，其间星罗棋布着构成主框架的混凝土柱子。除了接待区和电梯之外，前厅还有供研究人员使用的会议室及行政管理办公室。整个作品被一个角形的玻璃屋顶赋予了令人愉悦的照明，打亮了老砖墙的檐口部分的轮廓。

实验室安置在第十二层，形式既有个人办公室，也有集体的开放空间。开放空间是东西走向的，能整体接受自然光。在大楼南侧，开放空间安排在第三层，主要朝着室内花园敞开，可以作为谈话和休息的场所。它们当然不是19世纪的植物温室，然而这些"服务型的冬季花园"却刚好可以从外面看见，使每个根据光照和它所容纳的项目而设计的立面显得更加生机勃勃。南侧的墙由于面向大街，因此由双层不透明玻璃构成，带有可控制的隔热和隔声设备。其他的立面主要为实验室服务，内表面采用不透明玻璃或陶瓷的格栅，因而更具有保护性。在西立面，可以清楚地看到活跃且舒适的内部：超大飘窗里容纳着室内楼梯和超大休息平台。于是，这些玻璃框架围合出充满活力而丰富多彩的缩微空间，并集成在巨大的结构中，它的每位居民都可以通过窗户和彩色玻璃的安全护栏来识别出自己私有的单元。

这些体量、材质和颜色的不同，成功地消解了玻璃围护的隔阂——20世纪的时候，人们经常喜欢用这种材料来实现"抽象"的感觉——而且还成功地为所有人创造了清晰的、充满活力的工作空间，这就是所谓：形式追随行为。

TDCCBR 西立面。从上层体块中，人
们可以清楚地看到悬挑出的巨大凸窗，
凸窗内部是通向各个单元的楼梯间。

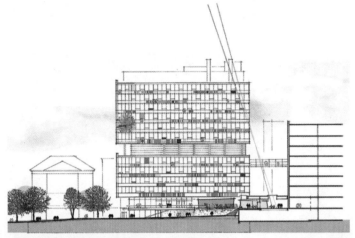

上图：
TDCCBR 西立面以及门厅和中间连接
部分的首层剖面。

中图：
内庭被处理成一座花园，通过天窗采光。
这样的处理使得光线可以顺着整个建筑
（6 层高）一直照到建筑底部。

下图：
位于上层门厅处的室内交通空间。

南侧，建筑南山墙及 3 层通高的室内
花园。在漂亮的灯光装点下，这些冬
日里的花园也成为立面的装饰。

哈佛奥尔斯顿科学中心
哈佛大学，剑桥
马萨诸塞州，美国，2006~2010年

委托人：哈佛大学
建筑师：贝尼施建筑师事务所
环境顾问：超日气候工程公司
照明顾问：LichtLabor Bartenbach
建筑及施工：菲利普·萨米恩

　　这是一组典型的、综合的、离散式的校园建筑方案，它的功能必然要符合现有的城市经济要求。也就是说，它需要既在情理之中，又出乎意料。斯特凡·贝尼施设计这一方案时所关注的对象，早在模型阶段就已经很清楚了。在整个方案过程中，贯穿着先进的自然光照明研究；阳光烟囱遍布各处；玻璃立面也经过处理，使室内空间清晰可见。这组建筑最终的外观所追求的目标，从它的办公室、实验室、工作场所和生活场所的平面组织方式上就显而易见。它利用竖向联系的手法来增加天桥的数量，并且把一些让人们"工作、会面、沟通或只是用来休闲、具体用途没有一定之规"的空间聚合在一起。

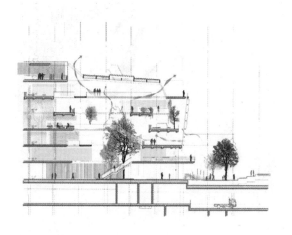

左图：
主楼剖面图，斯特凡·贝尼施的典型作品：热能交换和自然光照优化。

右图：
首层平面——方案研究阶段。

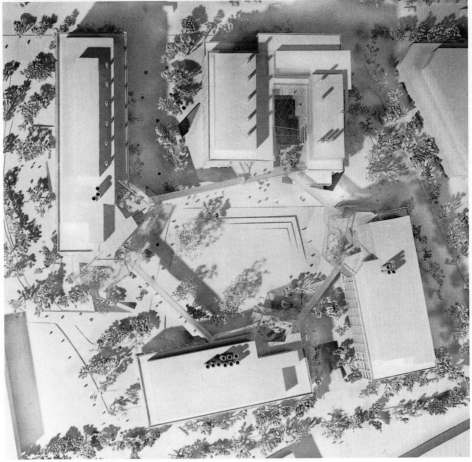

项目模型——初步设计阶段。

IBN林业及自然研究学院
瓦赫宁恩，荷兰

委托人：*荷兰住宅和农业部*
建筑师：*贝尼施建筑师事务所*
能源顾问：Fraunhofer Institute for Building Physics，
斯图加特
总占地面积：11250m²

    尽管只有 10 年历史，但是 IBN 已经成为经典的生物气候学作品，而且可能已经可以用不同的观点来"重新解读"。例如，从反纪念碑的角度来看：IBN 在市场构成的基础上，把价值与工艺的新世界和反英雄主义的建筑物结合起来——就像是在 1998 年那样，建立一座既不是乌托邦、也不是特权象征的生态建筑。贝尼施在 IBN 应用了他的作品的关键特征：清晰的动态外围护结构借助可调节能量流的内部空间（这里有个中庭）的惯性来过滤能量；通过室内花园来划分小气候，使周围环境更舒适，形成敏感的气候调节系统"反立面"的理念，把立面从室内反转出去，让立面用于管理能量变化，而不是制约空间，是围护结构，而不仅仅是表意符号——这里的墙体是用标准的金属框架和市场上可买到的玻璃制成，冬季花园也是由普通的园艺学温室材料建成。平面是可塑的：双倍厚度的模度甲板铺排在中庭里，通过步道连接起来。然后，当这些开放的系统抓住每分钟的可能性并把它们转化到空间中，而且利用起来的时候，活力就出现了。办公室仿佛延伸成为悬挑在水池上方的阳台，漆了油的木头扶手散发出令人愉悦的香气。这座建筑的室外区域是利用建造工程的边角余料来修整的。

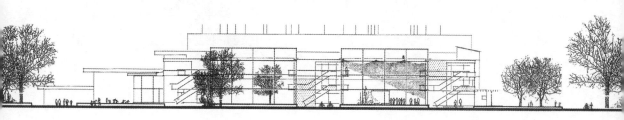

从北边看到的 IBN 的"标准"立面。
近景是一个蓄水塘。

左图：
纵剖面图，其中展示了室内中庭的细部。

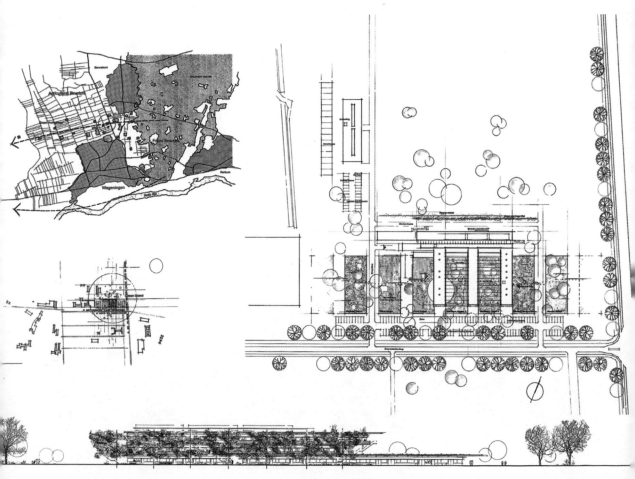

IBN 的区位图和总平面图。

中庭的室内景，其中的花园调节着室内的氛围。人们的视线可以从室内的池塘穿过背景的玻璃幕墙，一直看到周边的乡村。

屋顶是用农用温室的构件建成的,从这
里可以看到开启系统的大齿轮。

右图
由种植屋面及室外储水池形成的雨水收
集系统的示意图。

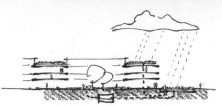

巴克里斯纳 · 多西

艾哈迈达巴德，
印度

"我的建筑是有人情味的，是为特定气候所做的设计。"

阿兰亚社区住宅现在的样子，1986 年
建于印多尔（Indore）。

巴克里斯纳·多西1927年出生于印度，他可不是在全球建筑讨论进行到生态这一分水岭的时候才出现的。有人甚至可能会说，从20世纪60年代开始，多西就已经被看作现代建筑的主要人物之一。如今，30多年之后，他又被视为可持续建筑的先锋。一批新的评论家为了找到与"柯布式"（Corbusians）大为不同的教益，又掉回头来重新研究他的作品。这种被"双击"的机会可是非常罕见的。对此，起码有两种解释，首先，多西并不是唯一一位发现自己被如此这般重新审视的建筑师，其他人例如：阿尔瓦·阿尔托，弗兰克·劳埃德·赖特以及让·普鲁威如今都在被重视。这是因为，生态领域现在已经足够成熟，它不仅有需求，同时也具有权威性，因此可以根据自己的一套理论来重新描述上个世纪的历史。其次，多西本人发生了很彻底的变化，他没有让自己石化在伟大的现代主义者的角色上。多西比他的柯布式朋友们都年轻，20世纪70年代的时候，第一次能源危机开始侵蚀现代主义中的历史乐观主义之后，他已经经历过一次个人转型。1978年，多西创立了Vāstu Shilpā基金会，开始研究住宅和城市规划，并寻找让人容易负担的建筑方案。当他50多岁的时候，奖项如潮水般涌来。这位建筑师又为自己订立了新目标：他更关注他的印度同胞以及他们的住宅、环境和文化，而并不仅仅是为印度修建一座新建筑。他所做的这种研究重新审视了东西方文化之间的联系。现如今，这一过程源于并高于20世纪的挑战，新的生态评论家们对此致以了崇高的敬意。

现代派传奇

巴克里斯纳·多西的大部分建筑作品是20世纪的，被优秀的柯布式历史学家们率先记载下来。他们也许很羡慕他的生活，因为它本身就是一段叙事诗，衍生出有关现代主义的传奇。这位年轻的印度人，先是在孟买接受教育，而后是在伦敦。从1951年在霍兹登（Hoddesdon）举行的国际现代建筑协会（以法语缩写CIAM而著称）上，多西知道了现代运动，并在那里遇见了柯布西耶。瑞士建筑大师柯布西耶的公司后来成了培育来自世界各地年轻建筑师的基地。那时候，正逢潘迪特·尼赫鲁（Pandit Nehru）委托柯布西耶为新的印度民主制国家设计首都。当巴克里斯纳·多西跟随柯布西耶，在昌迪加尔（Chandigarh）和艾哈迈达巴德修建那些即将成为他

国家的独立象征和现代建筑的标志性作品的时候，他还不到25岁。而在他刚刚年满30岁的时候，就与另一位印度新建筑的创始人路易·康合作，设计艾哈迈达巴德的印度管理学院。不过，1955年，他开始摆脱这些大师，成立了自己的公司——Vāstu Shilpā。这家公司建造了相当多的公共建筑，其中最有名的就是1972年建成于艾哈迈达巴德的环境规划与技术中心（the Center for Environmental Planning and Technology）。多西和查尔斯·柯里亚（Charles Correa）一起，成了印度现代主义建筑的导师，因此，他也开始从事教学工作。1962年，他与人合作，成立了艾哈迈达巴德建筑学校，然后在1972年合作成立了环境规划与技术中心和Kanoria艺术中心。这10年间的作品，让他从历史学的角度得出了认识：现代国际主义的进步是通过在每片大陆上找到"民族英雄"来实现的。多西正是这样的民族英雄之一。他"在混凝土、墙砖和地砖的精巧结合中，对新印度建筑给出了他自己的阐释"。[1]

寻求融合

1981年，巴克里斯纳·多西在艾哈迈达巴德完成了桑伽中心的建设，这里是他的办公室和Vāstu Shilpā生态环境研究基金会所在地。这座建筑开辟了一条新的道路。当然，我们必须承认，它所采用的圆筒形拱顶覆盖的模块单元，灵感仍来自柯布式，但是在这样一个炎热的、人口过多的城市的郊区，多西所做的模块已经成为把现场改造成城市绿洲的手段。桑伽被组织成一座阶梯式的花园，房屋是半地下的，前面有一个入口庭院。水沿着这些向下的斜坡循环：喷泉喷涌到覆盖着陶瓷碎片的穹顶上，使室内凉爽，而后，水被收集到凹槽和装饰着同样陶瓷碎片的水池里。拱顶的位置安排是为了优化自然光照，并利用自然通风完成了冷却系统。在这里，柯布式的模块不再用来作为一种解决方案，而是一种为新的结果提供服务的手段，是寻找组织城市空间的途径。桑伽的基础部分是一座向公众开放的、用于举行研讨会的研究所，多西把它设计成艾哈迈达巴德城市发展的范例。为了达到这个目的，他在空间感、建筑材料以及与水的关系方面，明确地与印度文化联系起来。

10年之后，多西在艾哈迈达巴德校园里设计了一座小建筑Hussain Gufa，它甚至更加明显地打破了40年前在同一地点所建造的作品风格。这是一座用于展示艺术家M.F.Hussain的作品的小博物馆，是一个用质朴的材料和民间风格工艺修建的雕塑空间。它的穹顶

[1] 威廉姆·J·柯蒂斯，引自《二十世纪建筑辞典》（*Dictionnair de l'architecture du XXe siècle*）中关于巴克利斯纳·多西的文章。巴黎：哈赞出版社/国际时装学院，1996年。

是由铁丝网构成的，表面覆盖一层很薄的混凝土，上面再用当地的黏土技术施加一个隔热土层，然后再覆盖一层陶瓷碎片作为外壳。多西对混凝土进行了多年研究，它在印度的气候条件下老化得很严重，而这样的防水覆盖层与素混凝土相比则非常容易维护。这座建筑像雕塑一般优雅，高昂的穹顶看起来好像是佛陀传记中的纳迦（Naga）大蛇一样。

我们必须试着理解多西这些显著变化的原因。他的最好的传记作者詹姆斯·斯蒂尔（James Steele）提到了佛教在这位建筑师的发展过程中不断增强的影响；他还强调，桑伽可以被解读成一种延伸，它远远超越柯布式所传授的，而并不是去打破它。不过斯蒂尔也提出了一种很有洞察力的理论，即假定这些变化是发展中国家的建筑师所经历的内心斗争的结果，"当他们试图用自己的文化价值来消化'发达国家'的技术。"[1]

换句话说，Hussain Gufa 博物馆告诉我们，现在也许已经是时候了，不要再迷信多西这代人是利用来自西方的现代建筑作为和平武器，为了发展而进行正面斗争的主力。应该理解那一代人所经历的，反而是传统文化及西方外来文化之间的内在冲突。与第二次世界大战后那段时间相比，如今这一冲突的结果更加难以预料，因为西方的发展模式已经分崩离析，而它所带来的伤害也表露无遗，这种伤害不仅是对环境而言，对人和文化的伤害更甚。"巴克里斯纳·多西通过个人的努力，调和了现代建筑运动的原则与发展中国家建设的基本现实之间的显著差异。"[2] Hussain Gufa 博物馆就是以这些基本现实为前提而修建起来的：它是根据手工而不是设备施工的工艺要求，将工地上可以获得的材料、土、破碎的盘子残片充分利用起来，这种工艺在艾哈迈达巴德的街道上已经使用了好几个世纪，人们就是这样利用凿壁成窟的方式来建造小型的遗骨寺庙。

建造住房是个过程

凭借这项让发达国家和发展中国家之间重新达成交换平衡的长久而缓慢的工作，巴克里斯纳·多西当之无愧地被视为当代生态建筑的创始人之一。"今天，如果在全世界范围内，关于当代可持续建筑的讨论足够充分"，意大利建筑师本诺·阿尔布雷希特（Benno Albrecht）解释道，"那是因为像多西这样的先锋人物，他们开始过强势的国际产业发展方向发生转变，让它们重新定位于协助社会，并引导它们所产生的影响，使它们滋养而不是摧毁文化和经济。"

Hussain Gufa 博物馆独一无二的宣言堪称一座里程碑，不过，它也是多西在这条道路上的一个休止符。在那之前和以后，公司设计了多种类型的作品，它们清晰地聚焦在艾哈迈达巴德及其所在地区的发展上，这个词

要比多西年轻时的印度承载了更复杂的含义。他把自己的精力特别奉献给了住宅，借由他的 Vāstu Shilpā 基金会帮助，在设计和建造方法上产生更大的提升。基金会1983 年在印多尔城完成的作品，坐落在印度的中央邦（Madhya Pradesh），展示了多西更为融合的手法。城市发展委员会邀请基金会来为一片 86 公顷的住宅地块做设计，主要目的是重新安置那些住在脏乱差地区的低收入居民。在德里南部的这个区域，住房的匮乏和普遍的脏乱差状况，只能通过大规模建设住宅区来解决，但这样会导致邻里关系迅速恶化。

对多西来说，现代邻里社区的机能障碍源于这样一个事实：即它们剥夺了居民灵活使用住房的权利以及扩展的可能性，它们强制人们采取与常见习俗割裂的生活方式。通过观察贫民窟社区，多西发现了一些积极的元素：这种杂货摊似的小屋实际上形成了小社区，那里有自己的商店，有自己的公共区域，有热闹的街道方便人们交易，它们构成了完整的单位，让每个家庭都能找到建造房屋的服务，找到团结和自由。于是，多西抛弃了现代网格，依照贫民窟的例子，把阿兰亚项目设计成 6 组邻里社区，由一条沿着地形起伏的中央大道组织起来。每个社区又由小村庄组成，各有 10 幢左右的房屋，彼此之间由铺着地砖的露台分隔开来。街道从社区当中贯穿，这样就很容易开展贸易活动。对居民们来说，无论是在自己的房子里做买卖，还是把房间租给手艺人，都很方便。社区的公共广场则设在道路交叉的地方。

道路和邻里社区及住宅的基础设施部分由城市方面来负责建设。多西为此只设计了一个基础单元，它是一个位置合宜的混凝土框架结构，有照明、有通风。

它的底层欢迎每个家庭来改建这个平面，居民可以自己继续修建，增加独立的房间。之后，他们甚至可以改变房屋的样子，只要是在所处地块的界限之内。对巴克里斯纳·多西来说，住房应当被看作"是过程，而不是结果"。阿兰亚试点项目在印度并没有被追捧，但是它却推广到了全世界。在本书中，我们把建筑师所作的不同个性的尝试综合在一起，例如巴克里斯纳·多西的，阿莱桑德罗·阿拉维纳的，还有卡琳·斯玛茨的。他们都看到了可持续发展的关键，他们都批判 20 世纪的公共住宅，那种住宅无论是对人还是对文化来说，都是僵化的；它用自己固有的条框来阻止人们控制自己的生活环境，而能够控制自己的生活环境恰恰是推动人类进步的第一个杠杆。

[1] 詹姆斯·斯蒂尔，《生态建筑：一部批判的历史》（Ecological Architecture: A Critical History），伦敦：泰晤士及赫德逊出版社，2005 年。
[2] 同上。

桑伽
Vāstu Shipā基金会办公室和建筑师工作室
艾哈迈达巴德，印度，1979～1981年

委托人：Vāstu Shipā 基金会
建筑师：巴克里斯纳·多西

如今，桑伽作为一个关键作品，和它刚完成的时候相比，可以被诠释得全然不同了。那时候，后现代时期才刚刚开始：可持续发展的前景让它怀旧的形式黯然失色了。而现在，桑伽可以被说成是建筑混合主义的作品，是多西把现代唯生论和当代印度文化的生命力相结合产生的结果。

这组建筑位于艾哈迈达巴德郊区，用地 2500m²，房屋偏于北侧一隅，包括办公室和花园。它的入口并不是让人一目了然，而是通过一条倾斜的林荫小道引入，这是多西从柯布西耶那里学到的一课。主建筑坐落在北侧的小山丘上，背靠地块的边缘，里面有工作室、办公室和会议室；它的侧翼是接待室，位于南边，朝向林荫道并成为主立面的组成部分。这块用地是有坡度的，因而使得整个作品可以利用一系列的室内楼层变化产生高低错落。也正因为如此，才有可能让覆盖在每个模块上的双向交叉拱顶在山墙一侧露出侧面，使自然光线照射进来。

这种拱顶建筑体系也是从柯布西耶那里传承而来的一部分：它是从被称为 Monol 的印度建筑序列中创造出来，是勒·柯布西耶所寻求的更适合于印度文化的建筑模式。多西并没有按照人们的想象，重新复活这个体系，而是以一种全新的方式让建筑形态完全融入景观中，形成建筑与园林的交织。与其说这组建筑的形式像是"建筑长廊"，还不如说是三种元素的和谐共生——矿物、植被和水。

人们对桑伽的探索实际上是沉浸其中，经由一层又一层的攀升，穿过一个又一个平台和露台。它们把人们引向功能区域，其中一些房屋半下沉在坡地中，上面覆盖着拱顶，通过山墙顶部来获得照明。这些半圆筒形的拱顶创造出又高又宽敞的内部空间，室内通风良好，因为拱顶的纵方向正好朝着当地盛行风的方向。

在 Monol 序列中，勒·柯布西耶曾设想在屋顶覆土和草皮。但是，在印度的气候条件下，多西放弃了这个本质上是欧洲式的梦想。他做出了令人瞩目的颠覆行为：用陶瓷碎片来完全覆盖屋顶的混凝土。于是，

原本用于保护居住者免遭日晒雨淋的屋顶变成了排水墙，它们散布在建筑群当中，又使它整个变成了花园。这组建筑与地面融为一体，底部仍然可以看到混凝土，而上部覆盖的白色拱顶，让它也同样融入了天空，成为那里的一部分。在平行的拱顶之间，有水渠把雨水收集起来，排放到水池中，再从那里经过一系列小瀑布跌落下来。水，是现代建筑的情绪，它本身也同样是生命：它不仅让人充满活力，还能灌溉花园。而且，分享水资源还是社区生活的一种态度。

这座天堂在 20 世纪 80 年代已经被定义成"后现代"作品。但用今天的眼光来看，多西尽管出生在现代运动时期，这一作品却揭示出他并没有沉浸在后现代的怀旧情绪中，而是成功地跨越了充满不确定因素的时间，为新世纪奠定了新的建筑基础。

在下沉花园里发现了建筑的奥秘，在这里，人们可以弄明白水道系统是如何把拱顶的雨水运送到水池中来的。

左图：
桑伽，室内景观。

右图：
办公综合体以及花园、平台、水池的整体平面图。

下图：
从山丘最高处向下看场地及水道系统：拱顶脚下的沟槽用于收集雨水并将雨水注入水池。

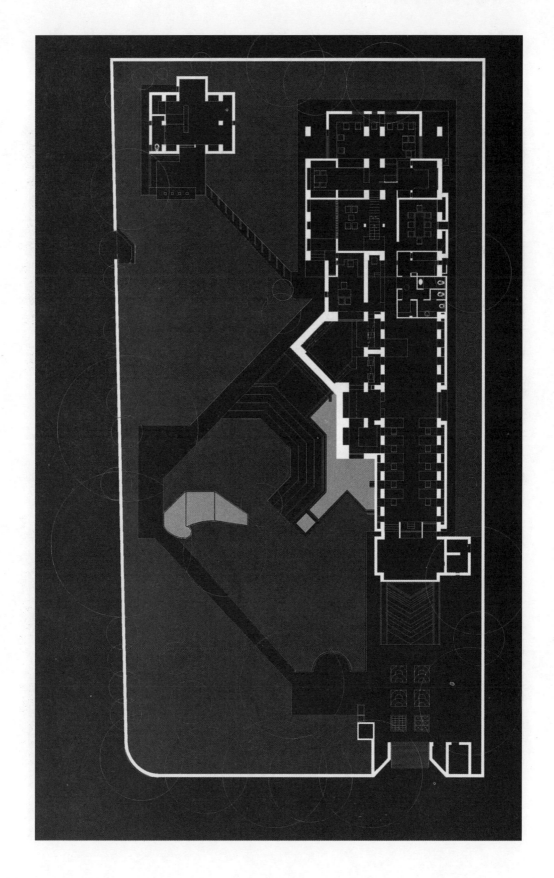

上图：拱顶，通过山花采光和通风。

下图：办公单元上加建出的室外露台的
细部设计，这些小系统加强了居住／工
作区与花园之间的共生关系。

站在花园的低处来看建筑综合体，这里
有一个收集雨水的大池塘。

阿兰亚低收入人群住宅项目
中央邦，印多尔，印度，1983～1986年

委托人：印多尔城市发展管理委员会
建筑师：Vāstu Shipā 基金会，巴克里斯纳·多西
规划和设计：Vāstu Shipā 基金会

　　印多尔是一座工人阶级的商业城市，位于德里以南 600 公里。以往曾用来减少贫民区的方法已经受到了质疑，因为 20 世纪 60 年代按照西方模式建设的社会保障房项目已经迅速恶化，不再发挥作用。于是，城市管理委员会委托 Vāstu Shipā 基金会开发出一种新的住宅模式，来取代一片 86 公顷的用地上原有的项目。

　　多西认为，由于现代社区缺乏灵活性，所以并不适宜居住。那种住宅是在不了解居住者的生活方式的情况下设计出来的，剥夺了居民的某些自由（比如扩建或改建个人住房的自由），而且还割裂了住宅与工作和周围环境之间的联系。多西完全颠覆了这一模式，对所谓的脏乱差居住区进行了分析。在那里，人们生活在贫困中，但是，他们却能自发地组织起邻里关系。多西指出了其中的优点：贫民区形成了街坊邻里和作坊、店铺林立的热闹街道。在那里，家庭团结和睦，还可以随心所欲地盖房子。

　　因此，多西放弃了方格网式的布局，他把阿兰亚设计成 6 组邻里社区，用一条顺应地势的大街将它们联系起来。在每个社区中，每 10 座住宅为一组，每座住宅前都有小商铺或是露天平台。城市方面负责设计公共广场和"街角"，并建设最基本的住宅单元，妥善处理建筑朝向，使之获得良好的日照和通风。而居民们则可以通过加建"独立的房间"来扩展自己的单元，还可以开设一家小商铺或作坊。

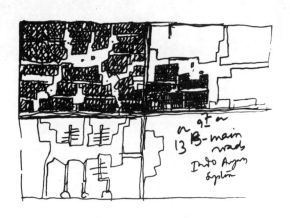

左图：
巴克里斯纳·多西绘制的草图：关于服务设施的密度和体系的研究，内部的小广场以及内部道路和设施所形成的毛细网络可以服务于所有住宅。

右图：
街区内景。巴克里斯纳·多西和 Vāstu Shipā 基金会如今仍在实现这些出色的设计图——它是西方轴测投影法和印度符号表现主义的结合，既有学术性又有大众性。

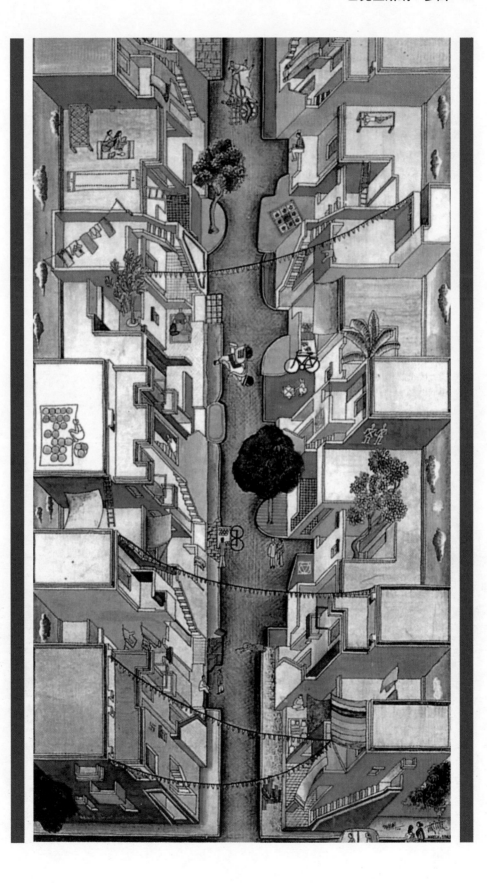

街区内的生活。每座房子都有一个小商铺，或是悬挑在街道上方
并铺有地砖的小露台，可以通过楼梯直接走上来，如右图所示。

下图：
位于项目外围的阿兰亚小村子。这个小社区与花园、果园和谐地
融为一体。

邻里生活和繁忙的街道。流动小贩和
手艺人在首层经商，他们利用小广场
做生意。

右图：
多种布局方案的研究。

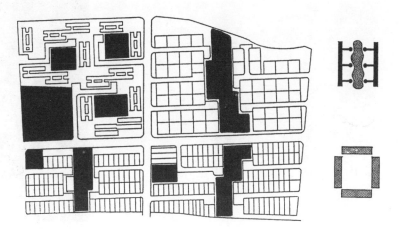

印度管理学院
班加罗尔，印度，1977～1985年

委托人：印度管理学院
建筑师：巴克里斯纳·多西，Stein Doshi & Bhalla, Kanvinde Rai & Chowdhury
工程师：Mahendra Raj
总占地面积：54000m²

巴克里斯纳·多西记得在16世纪的时候，印度国王阿克巴（Akbar）在法塔赫布尔西格里（Fatehpur Sikri）附近建立了国都。那里迄今为止仍清晰地保留着原来的模样，这要归功于它兼顾整体与局部的规划体系：在那里，建筑由一个连廊的网络组织起来，彼此之间用内庭院分隔开来。

这种既集中又私密的布局直接启发了印度管理学院的平面形态，这个方案（包括教室、实验室和服务区域）是由多座开放式建筑组成，它们坐落在植被茂盛的花园中。学院各处的灌溉通过壮观的暗沟管网来实现，它们直越过3层楼高，环绕着整个内部花园。大厅和敞廊都用精工细作的石材来建造。

光线从丰富多变的虚实构图中投射下来。教室和办公室是直接采光，而敞廊上方的格栅则把光线切割开来，显得半遮半掩。有些地方的敞廊被拓宽了，这样人们就可以在这里小坐，或是下课之后在敞廊里自如地穿行。丰富的建筑空间提升了光影的趣味。这所学院是印度第一个通过对环境和建筑要素加以再利用，来解决诸如照明或通风等功能问题的项目。最重要的是，植被、石材和光线，让这座学院使人感到心旷神怡。

左下图：
基地总平面图。内部带有顶盖的柱廊所构成的网格划分出一个个的"小岛"，岛的里面是教学楼及其内部花园。

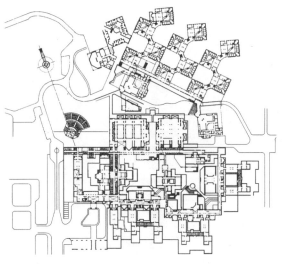

下图：
从柱廊看校园：变幻的实虚、交替的光影，以及通向小岛中心的侧入口，将大尺度的建筑与近乎私密的花园整合在一起的透视效果。

弗朗索瓦兹 · 埃莱娜 · 朱达

巴黎，
法国

"我们建筑师最终一定要终止设计丰碑的想法。"

弗朗索瓦兹·埃莱娜·朱达生于 1955 年，1979 年获得建筑学学位。1980 年，由于获得法国政府颁发的"生态能源住宅奖"（Pour un habitat économe en énergie），也就是研究当今所谓的"生物气候建筑"，从而名声大噪。她与 Gilles Perraudin 合作，在里昂开办了一家成功的建筑事务所，很快进入了法国顶尖优秀建筑师的行列。如果根据某些表现力和对更新常规类型的关注来评判，那么，这个年轻团队是因为它的建筑品质而饱受赞誉，并不是因为它对生态的投入。不过，后者却依然是切实存在的，朱达从北欧人和日耳曼人的国家找到参照，这和拉尔夫·尼斯金（Ralph Erskine）以及之后的托马斯·赫尔佐格的爱好相一致。

在法国，生态意识的觉醒曾经历了一段艰难的历程，而且这种艰难还在继续。不过，与生态相关的讨论却是与美国和德国（法国的大邻居）同时开展的。讨论的内容首先是 1968 年生态运动的延续，而后是关于 1973 年的能源危机。那时候，法国开始研究可再生能源，研究用于建造住宅的"木材工业"和可持续材料。在里昂附近，建造了一座"泥土村"，由出色的建筑师们设计＋造公寓住宅，其中就包括朱达—Perraudin 事务所的作品。但是，到 20 世纪 80 年代早期，对法国来说更重要的事情浮出了水面，于是这项研究就被边缘化了。当时，法国政府做出了一个战略决策——发展核能——并且在 10 年之内，只是继续关注可再生能源的发展，仅此而已。在法国的土地上，首要的事情是大规模工业区和城市中心的更新改造，它们已经在 70 年代的粗暴更新中遭到了破坏。这时候，法国从阿尔多·罗西的意大利改造模式"城上之城"和"城市建筑"中找到了灵感，注重精心处理建筑类型以及建筑与公共空间的联系，而不把重点放在房子的更新上。1981 年，巴黎启动了大工程（the Grands Projets）政策，并推广到其他主要城市中，开始把大

型公共设施现代化；在巴黎以外的地区，这种项目往往和交通系统相关，比如铁路的现代化，有轨电车系统的回归，等等。通过这种方式，法国的面貌与它的不列颠邻居日渐相像；英国的工艺技术通过奥雅纳（Ove Arup）公司输入到法国，富有创意的工程则通过 RFR 和 Peter Rice 公司进入法国。这些大型公共设施的建造，是为了支持回归城市中心以及发展大型中转枢纽的趋势，同时也打开了一条通向可持续发展的道路，尽管在这些项目中并没有提到这个论题。在那时候，几乎没有建筑师对生态运动感兴趣，它只是在莱茵河的另一侧坚守着自己的主张。

这种不寻常的状况强化了朱达建筑作品中战斗性的一面，她积极地参与长达 10 年的大型项目。在这期间，她完成了几个主要项目：里昂建筑学校（1985 年）、Marne-la-Vallée 大学以及默伦（Melun）法院。为了推进自己的方法，朱达不得不坚持工作在两个前沿阵地：其一，在法国建筑领域中捍卫"生态环境事业"，尽管那里并没有把这当回事儿。另一方面，要在法国生态学者中捍卫当代建筑事业，因为与斯堪的纳维亚和德国的同行比起来，法国生态学者们要保守得多。

当法国在夸耀"创作建筑"更有影响力的时候，担任上述两个领域的中介人并不是轻松的选择。正因为如此，朱达独特的工作很快就"墙里开花墙外香"——在国外比在法国更为人所知。在日耳曼国家，生态建筑把自己从 1968 年生态运动的婴儿期中释放出来，并从技术和理念两方面继续发展；新能源、材料参数以及对当代建筑语汇的研究三者之间的联系显而易见。朱达受到同辈的赞扬，并获得了几项主要建筑工程的委托，其中就包括非常漂亮的仙尼斯峰研究院（Mont-Cenis Academy）。这座学院坐落在鲁尔（Ruhr）地区的赫恩（Herne），巨大的松木树干支撑着巨大的木框玻璃外围护，上面顶着光电池板，把这组建筑完全包裹起来。

不过，法国的风向也开始转变了。在过去几年里，朱达再也不用在她的作品质量背后隐藏自己独有的生态学者盟军地位。人们已经开始讨论可持续建筑，已经认识到她是一位能把北欧和日耳曼的最好的研究成果"进口"到法国的建筑师：她是精致建筑的守护者，又对新技术敞开胸襟，她意识到城市问题，也熟悉社会运动，熟悉法国终于开始进行的生态讨论的政治尺度。对朱达来说，作为建筑师不仅是要创造，而且同样要关注发展问题，这是非常重要的；建筑师要比其他市民承担更多责任。朱达是可持续建筑运动的典型建筑师，她与国际同行密切接触，而且密

切关注他们所讨论的当今发展问题。1996 年，她参与
共同签署了《欧洲建筑与城市规划中的太阳能宪章》
（the European Charter for Solar Energy in Architecture and
Urban Planning）。

　　但是，她从来没有忘记自己在 80 年代充当中介
人的经历。她的方案揭示出对法国式可持续建筑的探
求，在这个国度，"理性"和"进步"这两个词具有
深刻的历史含义，然而人们也正在奋力为它们赋予 21
世纪的新含义，它将必须去解开属于自己的能源方程
式。对朱达来说，这个法国方程式意味着城市，而且
这将使它远离指向田园怀旧的法国生态运动。朱达被
任命为 2004 威尼斯双年展法国馆的执行官，她并
没有在那里展示自己的作品，而是抓住这个机会，让
人注意到"可持续的变质"，并让她的法国同行们思考：
在 21 世纪，该如何转变城市经济。

　　　弗朗索瓦兹·埃莱娜·朱达最近在法国所做的作
品中带有这样的特征：渴望找到自己国家的可持续发
展之路，以此提出并解决生态问题。现在，圣丹尼斯
市（Saint-Denis）的"零能耗"（éNergie zérO）项目正
在建设中，这将是第一座六角形的被动式能源建筑，
把新的紧凑型生态建筑和从奥斯曼城市继承而来的建
筑语汇结合在一起。在波尔多（Bordeaux），植物园的
新温室同样也把生物气候学的建筑语汇和 19 世纪法
国传统公共建筑融合在一起。

　　由于意识到自己所扮演的独特角色，朱达刚刚创
建了一家可持续发展顾问公司 EO.CITE。她想以此帮助
承包商、民选官员和市民，以全球可持续发展的视角
去超越能源经济问题，以便与新的生活和工作方式、
新的社会目标以及对城市未来的影响接轨。这位建筑
师知道，在法国想要成功地改变城市经济和建设的循
环，必须从发展阶段就开始尽早说服公众。除了担
任顾问之外，朱达还从事教育职业。她从 1999 年起，
担任维也纳科技大学（Technical University of Vienna）
的可持续建筑学学科主任。

　　弗朗索瓦兹·埃莱娜·朱达很清楚地知道这三重
角色——建筑师、教授以及顾问——为她的研究工作
赋予了连贯性。而且，尤为重要的是，为她界定出一
个新的而且更广阔的专业领域。全球性的可持续发展
意识在项目中是全新的、战略性的。她坚信，如果建
筑师打算在新世纪的城市里真正发挥作用的话，就必
须能够而且应该很好地把握住它。

植物园
波尔多，法国，1999～2003年

委托人：波尔多市
建筑师：弗朗索瓦兹 · 埃莱娜 · 朱达
景观建筑师：Catherine Mosbach
工程造价：305万欧元，不含税（按2001年市值）

波尔多市这座崭新的植物园并没有坐落在风景秀丽、群山映衬、历史悠久的公园里，而是位于某个新的城市街区当中。公园沿着加隆河（Garonne）的右岸延展，形成了600m×100m的狭长地带。因为空间如此有限，所以方案设计得十分紧凑：植物园的温室同时也是植物标本室，此外还有一间图书室，有展厅和教室，有一座提供有机食品的餐馆，还有一家书店。在这片从城市边缘延伸出来的景观中，建筑师把典型的法国文化建筑进行了升级。创作出一个更为复杂的建筑体系，由一系列温室、"盒子"和"卵石"组合而成，取代从现代运动继承而来的独立形体。

这组建筑以温室为起点，这是弗朗索瓦兹·埃莱娜·朱达非常熟知的建筑程式［她曾在黑尔纳·索丁恩（Herne Sodingen）完成了一座13000m^{2}的温室］。建筑师把她在黑尔纳创造的木框架移植到了波尔多：一束束道格拉斯松（Douglas pine）的柱子立在石板上，支撑着玻璃围护结构。温室分成7座平行排列的六面体，根据它们内部所培育的植物不同，分别提供所需要的气候。它们的屋顶安装有总共650m^{2}的光伏电池，捕获到的太阳能可以自给自足建筑所需的电力。人们可以通过手动控制室外和温室内的植物灌溉，水源来自地下储水箱中贮存的275m^{3}雨水。从植物园的西南侧可以清楚地看到这些温室，它们的山墙沿着园中小径参差，连接起来就构成了主立面，朝向街区中的公寓建筑。

在植物园的另一侧，展厅、库房和办公室位于第二组"盒子"里，它们用木头作为建筑框架和护墙板。一系列小盒子被当做展厅，而统治整座建筑的则是两个大盒子——一个是斜插过来的植物标本室，另一个则用作管理办公室——以此在东北面围合了整个作品。

在四块巨大的"卵石"里，容纳的是工作室、商店和餐馆。它们由涂上砂浆的钢网做成，表面再覆盖聚合花岗石。这和同一时期朱达放置在里昂的"卵石"是完全相同的，包括在5月8日广场（Place du 8 mai）的市场大厅屋顶下的，还有Jean Mermoz私立医院大厅里的。"对于这些迅速出现在我作品中的形式，我是以一种发自内心的方式来表达。这些巨大的卵石是方案中的矿物组成部分，它们是不安分的，向墨守成规的建筑发出质疑"，弗朗索瓦兹·埃莱娜·朱达这样解释道，她也许梦想着自然因素能够更频繁地扰乱建筑秩序。在波尔多，卵石的出现是用来填充那些盒子的序列——抑或它们早就在那儿？在植物园的东西两侧，最大的两块卵石就像是北立面两端的"书挡"。北立面比温室一侧的立面更自由，让人感觉很"有机"，让人一望而知建筑空间内部的活动。

47 页图：
里昂 Jean Mermoz 私立医院的主立面。

上图：
植物园接待中心的立面以及立面上凹入
式的"盒子"和凸出的"卵石"。

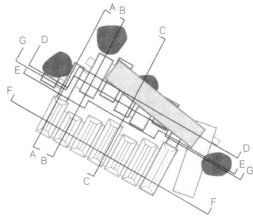

上图：
俯瞰植物园及周边社区。

右上图：
总平面。内花园从一座挨一座的温室与办公盒子之间穿过。"卵石"的内
部是工作室、礼品店和餐厅。

右图：
BB 剖面和 CC 剖面（参见前页总平面图），展示了温室木框架的细部处理，温室采用内部设有钢板的树干作为支撑立柱。

下图：
花园景色，花园在温室和办公室后方突出的体块之间曲折延伸。

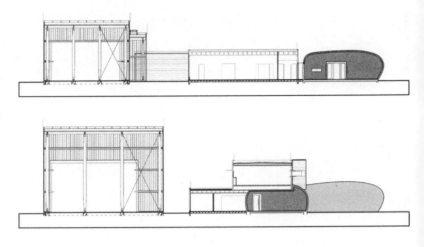

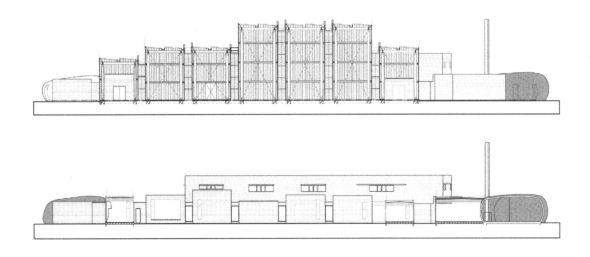

上图：
FF 剖面和 GG 剖面（参见 52 页总平面图），展示了温室木框架的细部处理，温室采用内部设有钢板的树干作为支撑立柱。

左图：
办公室和大房间的室内效果，从这里可以看见内庭花园和突兀现身的卵石。

温室室内景，可以看到由树干柱和梁所
组成的木框架的细部。还可以看到屋顶
上的太阳能光电板。

集市及其周边环境设计
1945·5·8广场
里昂，法国，1999~2001年

委托人：里昂大都会区（Le Grand Lyon）
建筑师：弗朗索瓦兹·埃莱娜·朱达，In Situ
Landscape Architects
占地面积：23100m²
工程造价：533.6万欧元

　　这座小小的地方政府设施和仙尼斯峰研究院（黑
尔纳，德国鲁尔）那座里程碑般的温室建于同一时
期。黑尔纳温室的结构——硬木树干"丛林"支撑
的玻璃屋顶，通过可调节钢板实现的精确至毫米级
的装配——分毫不差地移植到这里来：只需改变一下
被砍削的树木尺寸，提供小一些的柱子就可以了。这
些木纺锤似的柱子通过钢板固定在地上。柱子顶部支
撑着屋顶结构的横向桁条，用另一块钢板与之相固定。
波纹金属板的屋顶落在椽子上面，中间以玻璃板隔开，
好给货摊采光。建筑师在这里还规划了一个收集雨水
的水箱，这样一来，这座设施就能自己供应日常维护
和消防用水了。

　　在临街的一侧，道路隔离带上种植的两排小树护
卫着市场，它们与市场里的柱子"树林"形成呼应。
市场地面上嵌着巨大的混凝土"卵石"，里面是公共
卫生间和为道路网络服务的水、电设备箱。作为城市
设施，20世纪的市场设计鲜有成功的案例。然而，这
座木结构建筑却改善了19世纪钢铁天篷建筑的合理
性和适应性。不过，这个方案毕竟还是以它们为范本，
才能够实现这样的标准化，而且容易被复制和接受。

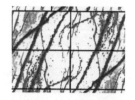
市场屋顶采光处的丝网玻璃细部。

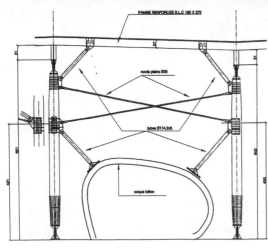

上图：
市场内景，承重树干上下两端的钢固定
构件细部。

左图：
混合结构的剖面及木框架和钢制张拉杆
的细部示意图。

近景是一根承重树干，去掉了树皮，树
干下端逐渐收细以便能够安装到下方钢
板的"笼框"里。

赫尔门·考夫曼

施瓦察赫，
奥地利

"在巨大的社会职责与政治职责方面，我才刚刚起步。"

卢德施 Allmeintalweg 居住综合体立面
（参见第 76 页）：建造理性主义定义了
新的建筑形制或组织体系。

赫尔门·考夫曼的职业与福拉尔贝格近年来的历史是不可分割的。在过去 30 年间，拜为数不多的参与者所赐，中欧这片小小的地区已经成为可持续建筑的实验室。这项工作始于 20 世纪 70 年代，即奥地利经济繁荣时代的初期，当"年轻的莱茵河"[1] 平原开始城市化的时候逐渐成型。这片小小的、传统自治的土地，习惯于依靠自己的实力和文化。但当地精英却明白，工业化世界最终将接管这片出色的房地产资源，并且将改变届时仍是农业型的经济。而且，如果不能把本地居民发动起来的话，房地产经济发展的成果终将被外来者抢购。举个例子来说，莱茵山谷的城市化可能是由别处的混凝土工厂来实现。因为工厂的设备更精良，比福拉尔贝格的木匠们盖房子速度更快。所以，尽管后者拥有优秀的技艺，但是已经不能适应新的环境了。根据我们所熟悉的逻辑，这样的发展会很有风险，有可能会摧毁构建经济和社会的主要产业。

"建筑艺术家"（Baukünstler）[2] 的故事是从第一批建筑师与当地木匠一起工作的时候开始的，他们要创造一种更简单、更经济的房屋建造方法，让住户们只花费和煤渣砖一样的造价就能建造一幢木头房屋。等到 20 世纪 80 年代早期，这个故事发生了新的、决定性的逆转。那时候，第二代建筑师从维也纳或苏黎世归来，手里握着文凭，想法都集中在新兴的绿色运动上。这些年轻的建筑师给正在进行的讨论带来了更宽泛的历史性启示：绿党成员（Grünen）已经在考虑后石油时代的可持续发展，以及更解放的文化视野。他们希望利用设计师的建筑，把增长变为发展，并以这种方式把当地文化与现代美学、技术与生态、建筑与建造工业融合在一起。

这一进步的独特之处在于它的目标是促成没有空白的发展。福拉尔贝格在实现现代化的同时，应当保持自己的住宅风格、木材以及贸易。理智的"建筑艺术家"将绿党的工作定位为集成经济学家所说的"自给自足发展"（这种模式在非洲比在中欧更常用，目的是为了摆脱殖民时代）。福拉尔贝格的建筑师和木匠们拥有出色的设置和技术知识，他们即将行动起来。建筑师和承包公司开始接受挑战，拿着一个又一个项目的详细方案，把木构造这种手工产业转变成 21 世纪的可持续建筑产业。

断裂与连续

30 年来，这些少数的年轻建筑师成功地改变了他们国家的历史进程。其实建筑师都有这样的梦想，但

往往很难实现。赫尔门·考夫曼是这些斗志昂扬的年轻建筑师中的一员。他 1955 年生于 Reuthe，这是坐落在奥地利福拉尔贝格省 Bregenzerwald 山区的一个村庄，这个地区唯一的资源和贸易就是木材。因为出身于木匠家庭，所以他的童年时代是在作坊中度过的。他最早在因斯布鲁克的工程技术大学学习建筑，随后又去了维也纳，再后来回到了福拉尔贝格，与 Christian Lenz 一起在施瓦察赫（Schwarzach）开了家公司。考夫曼的职业是与"建筑艺术家"前进的步伐融合在一起的。这场运动带有强烈的个性，助推奥地利国内充满生机的讨论，其中贯穿着各种各样的生态思想：低技或高技、田园化或以都市为中心、喜欢混凝土（可以重构）或喜欢木材（可以变化）。在这张文化的温床上，赫尔门·考夫曼选择了他的主题：即寻找一种建筑，能够促进对资源的可持续管理。在奥地利这个木材之国，他选择了木材，目的是激发出它的建造能力的极限。

他和朋友们共有着与对真实社会的承诺息息相关的愿景，想创建一个能够让所有人享受得到的生态环境，创建一个社会和文化发展的要素。1987 年，他与 Sture Larsen 和 Walter Unterrainer 一起，在 Dafins 建立了首家太阳能学校，然后就开始忙于发明被动式住宅（Passivhaus），其标志是在经历了快速增长的经济之都多恩比恩（Dornbirn）和乡村中修建的一系列建筑。而后，他开始致力于木材的"城市化"，也就是说，使它能够满足建造多户住宅以及工厂或商业建筑的能力。于是，1997 年，他在 Ölzbund 建造了第一个采用被动能源的木结构 3 层多户住宅项目，并以此闻名。

作为建造者，赫尔门·考夫曼努力让木材在建筑经济中具有竞争力：比如通过寻找可工业化的解决方案，反对使用混凝土，在"气候响应建筑"这一新领域中发明复杂的系统。总而言之，他在木结构和内置隔热面层墙体构造方面所做的大量工作，证明木材资源有极大的发展潜力。

作为建筑师，考夫曼寻求一种美学，打破现代派作品中排斥木材的田园主义。作为一名地方主义者，他拒绝新地方主义建筑。他的想法不仅是感性的，也是理性的：新的生活方式趋向于更集中、更城市化，与之相适应的住宅需求应当是让人能负担得起的，因此需要寻求新的空间解决方案，以及一种能给这一过程赋予形式和意义的美学。考夫曼的建筑汲取经典的

---

[1] 这个词组出自列支敦士登国歌。

[2] Baukünstler 从字面上讲就是"建筑艺术家"，这个词是建筑师的代名词。

现代文化以产生连续性，并与它的文脉相碰撞，这种美学不仅刺激着、而且也同样表达着福拉尔贝格正在经历的深刻变革。民选官员欢迎工厂，欢迎那些愿意让自己的职业现代化的农业人口，但这难道不是在进行赌博么？——让人们与传统割裂开，让人们的职业现代化，就为了继续控制他们的命运？为反抗这样的身份，建筑师采用住宅和地标建设项目作为载体——这样是行之有效的，因为建筑师显然已经被卷入社会运动和争论中。

建筑和工艺：再度争议

落成于 2005 年的卢德施（Ludesch）社区中心，记载着福拉尔贝格不寻常的历史。卢德施是一座古老的村落，它被飞速推动并"屈从"于发展，被扩建成居住社区，这是十分典型的欧洲小城镇的"弱化"过程。卢德施社区中心的项目是按照市长的愿望启动的，目的是为城市重新赋予身份上的认同感，甚至为它提供一个市中心。赫尔门·考夫曼的作品是成熟的，他扣住了主题来书写人文主义者的建筑宣言（"木材是建造更美好世界的'希望之材'"[1]）以及可持续建筑全集（涵盖所有的问题：能量、材料、经济甚至健康，以最佳的生态表现目标来完成）。

现在，福拉尔贝格还在继续创造历史，建筑公司的数量还在增长。此时，离前辈们带着方案来劝说木匠们把产品现代化的时候，已经过去了很久了。这里已经成为全世界顶级木材建筑公司的中心，他们的太阳能产业如今也能在欧洲市场上参与群雄逐鹿了。一些

公司侧重于充分发挥木材性能，使之与混凝土共同完成长期工程或高大建筑；另一些则擅长预制构件，并创造"生态建筑"，这些公司仍以木材作为基本材料，用在可持续建筑的构件上。于是我们发现了木材的各种不同用途：用作复合材料构件的贴面板，用作可再造的承重墙，或者在工厂切割成大片板材。所有这些结合起来，为新的可持续经济创造了一个产业。

如果画一条与 20 世纪历史平行的线，结果会让人很着迷。在工业时代的黎明，从建筑师与新

工业的对话中诞生了混凝土建筑：想想奥古斯都·佩雷（Auguste Perret）和 Henebique 公司在巴黎所做的冒险，他们创造了钢筋混凝土的建筑体系；或者皮埃尔·路易吉·奈尔维（Pier Luigi Nervi）和博洛尼亚水泥建筑公司（Società per Costruzioni Cementizie di Bologna）的创新，他们使混凝土取代钢材成为可能，因为它更便宜。这些对话对于现代建筑来说是如此富有成效，因此，人们不妨把赫尔门·考夫曼的、"建筑艺术家"的以及他们的木匠的作品拿来相对比。这种对比显然是立得住的，因为这些新作品在同等意义上带来了建筑方法的转变；他们的成功在于兼顾了建筑师的广阔视野和实验者的谨慎需求。

人们可能同样希望知道，按照这种比较的话将来会怎样？记住，就像佩雷和柯布西耶一样，冒险的结果可能会非常糟糕：可能使富有成效的对话中断，混凝土建筑的世界从建筑师手里自我"解放"出来，只顾追逐自我发展的目标，而不惜伤害环境。福拉尔贝格的新企业家们能从建筑师和他们的人文主义那里摆脱开么？说到底，只需一段简短的描述，就足以让他们在自己的工作室里开始设计一座建筑了。这将意味着可持续发展建筑的终结，并意味着那种只拿建筑当形象的工业市场的兴旺，或者只是利用木材良好形象的建筑市场的兴旺，不管不顾将来可能发生的问题。

怎样才能避免这样的结果？继续创新并设定新的研究目标，赫尔门·考夫曼回答道，他自己继续致力于把对技术和能源类型的研究联系在一起。作为被动式住宅的共同发明人，他努力研究"能源循环利用"建筑。他关注的热点是综合生态计算，因为他看到了一个从事建筑工业的人们可以跨越的"新前沿"，但前提是他们必须像在卢德施那里一样共同协作。他密切跟进关于高层建筑的讨论，因为那会让木材真正地走入城市：我们发现自己处于一个关键的和决定性的阶段，有没有可能把这些实验引入到普遍的应用中？社会需求是不是大到足以影响市场？木材工业是不是能以专业的方式进入市场？[2] 这些问题的方法多样性和切题性，比起它们的答案来说，能够更好地描述一个人。它们描述了一位被自身经历赋予了专业性的建筑师，描述了一位运用专业性去工作而不是去统治的建筑师。只要建筑师还像赫尔门·考夫曼一样，始终不懈地去探求隶属于某种文明的技术知识，那么福拉尔贝格的建筑就绝不可能变成是形式主义的，或者仅仅是个商标。

[1] Otto Kapfinger，《赫尔门·考夫曼：木建筑》（*Hermann Kaufmann: Wood Works*，纽约和维也纳：施普林格出版社，2008 年）。
[2] 同上。

卢德施社区中心
福拉尔贝格州，奥地利，2005年

委托人：卢德施市政局

建筑师：赫尔门·考夫曼 ZT 有限公司，Roland Wehinger，Martin Längle，Norbert Kaufmann，Christoph Kalb

专家：Merz Klei Partner，Mader & Flatz，Synergy，Wilhem Brugger，Bernhard Weithas，Karl Tofghele

　　这座建筑完成于 2005 年，是欧洲体现综合生态的最成功的案例之一。卢德施的市长非常关心能源保护政策，从一开始就给这座建筑提供了强有力的支持。它是隶属于被称作"未来住宅"的实验项目的一部分，该项目由奥地利联邦交通、创新与技术部来推行，目的是支持生态创新工作，并借此来完善全面评估生态足迹的方法。特别值得一提的是，这个项目的参与者必须组织实施一项对比传统建筑方法与生态建筑方法的研究，以便更好地适应贸易和生态建设实践。

　　在卢德施，这项实验是以多学科合作的方式开始的。1998 年，市长组建了一支本地的工作队。赫尔门·考夫曼和他的专业人员于 2000 年加入，目标是改善这个计划，并监督整个项目。随后，承包商也加入了这个团队，他们所提出的建议，后来按照"生命周期"（一种评估所有材料的综合费用的新经济模型）进行了评估：包括生产、运输、安装、维护、拆毁和再循环利用。

　　不过在这个实例中，生态也同样意味着"让共同生活更美好"。市长在和他的城市的无序发展作斗争：家庭的迁移和新居民的到来，已经把这个村庄变成了郊外居住区：没有灵魂，没有中心，借助汽车来跑腿儿和完成每天的购物之旅。这个问题是社会生态学的：一个拥有 3000 名居民的城市需要可以获得的、而且是生态的服务。但是怎样才能在没有任何市民广场或城镇中心的情况下，创造出一个新社区呢？考夫曼最终的解决方案是多功能的，是典型的福拉尔贝格式的分享型、注重实效型的社区，这个项目容纳了公共服务（行政机关、图书馆、邮局）、各种组织机构的会议室以及包括一间小银行和一间咖啡厅在内的商业用房。

　　赫尔门·考夫曼总是被看作"盖房子的"，他之所以能承担这个复杂的任务，得益于他能全身心地理解这个项目中的政治意味。建筑师首先设计了一个中心，也就是说，一个中心广场。他喜爱广场平面的紧凑性，在这里做了一个"半广场"，U 形建筑环抱着下沉式的带屋顶的中庭。因为建筑用地是带状的，沿着平淡乏味的交叉路口展开。所以赫尔门·考夫曼把这个半中庭放置在三条道路交汇的地方，让这些道路看起来都像是朝着中庭汇集。这个中庭朝向一个公共广场敞开，中庭上方覆盖着大片光伏电池玻璃面板，这里最终成为整个市镇集会的中心。

　　赫尔门在选择建筑位置方面拥有如此清晰的思维，那么其他事——诸如安排服务用房，调整层数的变化，在这样一个大体量建筑里设置走道——对于一位已经达到设计成熟期的建筑师来说，简直是手到擒来，就像小孩游戏一样轻松。整个建筑结构通过钢梁格网来控制，柱子穿过两层通高的有顶中庭和内部大厅。这样一来，服务用房刚好嵌在木结构的格网里，周围有柱子、梁和承重挡土墙。建筑立面采用白色的松木，内部墙面作不同的处理。这座建筑集大成地体现了可持续建筑及其技术：它是能源、材料、防水以及健康的最佳生态表现。

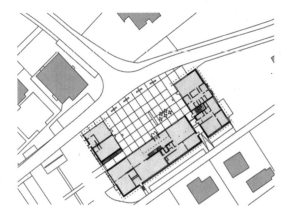

购物中心主入口的前区是一个大庭院，
它形成了一个公众广场。

左页：
购物中心的总平面图——它的出现起到
了构建这个村庄城市结构的作用。

庭院景，建筑的西翼容纳着公共服务空
间，其中的大部分都朝向广场开放。玻
璃天蓬上是太阳能光电板。

首层平面图,主要是公共及私人服务区:
一个小邮局、一个咖啡馆、一个市立图
书馆、一个健身房,还有一个日托中心。

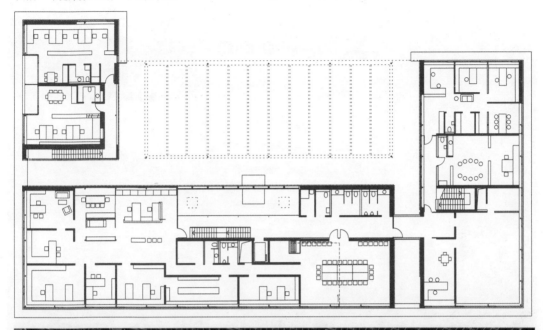

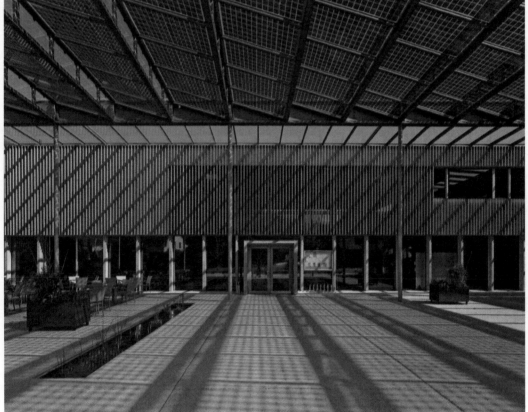

在庭院的玻璃屋顶下: 线条交织的效果。

由于 U 形的社区中心内设置了多条通
道，因此它能很好地融入村庄的肌理之
中。

剖面图。会议室和音乐室位于地下。这样的安排利用了热惰性原理，并且可以因此避免建造一座对于村落来说尺度过高的建筑。

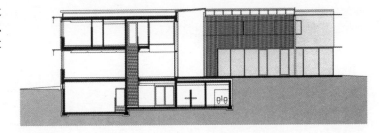

大厅以及楼上办公室的室内。不同的空间内，表面肌理和木框架的处理也会有所不同。

奥尔珀勒（OLPERER）庇护所
FINKELBERG，提洛尔，奥地利
2007～2008年

委托人：德国阿尔卑斯山协会（Deutscher Alpenverein）

建筑师：赫尔门·考夫曼，C·Greussing，J·Nägele-Küng，G·Hämmerle

工程：Walter Engineering

　　一个世纪前，在提洛尔这片海拔 2400 米的多山地区的岬角上，修建了最初的登山人庇护所。按道理，它应当用现场采集到的石头建造，而不是木头，因为把木料运输上来非常昂贵。但如今，技术的发展使人们有可能颠覆常理，尽管在山上建造木头房屋仍然面临着运输成本和时间的问题。

　　新庇护所的木头框架和跨层复合面板是在工厂里预制的，利用直升机把 350 个构件运到现场，并在 3 天内组装完毕。老庇护所的残余部分被封闭在新的混凝土基座里，用石头面层保护起来，然后再把新庇护所的围护墙落在基座之上。这个庇护所惊心动魄地悬挑在山谷之上，地板结构由于首层墙体和基座整体连接在一起，从而部分地缓解了悬挑受力。室内和室外的跨层复合面板都兼具承重和保温的功能。竖向承重面板的网格布置成一个整体，利用上层楼板和橡屋顶来作为风支撑，屋顶的木瓦挑出檐来保护着外立面的面板。清理中水的设备依靠菜油和光伏电池来启动，而陶炉则确保了这座夏季庇护所的舒适度。

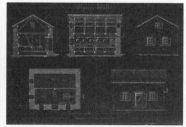

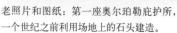

老照片和图纸：第一座奥尔珀勒庇护所，一个世纪之前利用场地上的石头建造。

右图：
庇护所剖面和图解。可以看到悬挑在挡
土墙外的餐厅。

下图：
餐厅内景及外景，在餐厅里可以看到山
的全景。

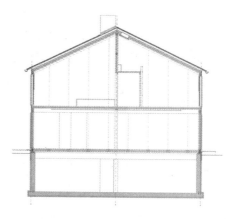

新庇护所的框架和板材都是在工厂里预制的，使用直升机将 350 个构件运上来，组装只用了三天时间(参见 63 页图片)。

右图：
庇护所及其附属机械用房的平面及剖面。

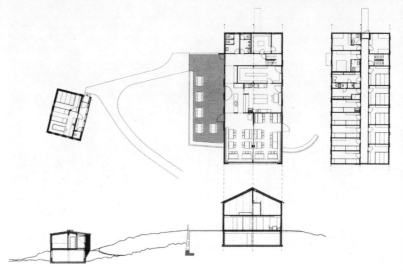

图片中可以看到房子的基础，在露台出
做了加宽处理并利用石墙对其进行保护。

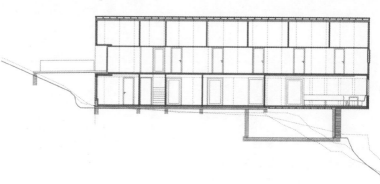

纵剖面，可以看到整个基础的细部。室
内外的承重墙都砌筑在这个基础之上并
与其连接成一体。

ALLMEINTALWEG居住综合体
卢德施，奥地利，2002~2007年

委托人：VOGEWOSI
建筑师：赫尔门·考夫曼，N·Kaufmann，
W·Bilgeri，M·Längle，T·Hölzl，B·Baumgartl
顾问：Merz Kely Partners，Madder & Flatz，
M·Gutbrunner，P·Hämmerle，L·Küntz
被动式住宅能耗：48kWh/m²/年

　　赫尔门·考夫曼非常关心采用木材建造理想的被
动式集合住宅的方法。如今，城市郊区还保有林地，
是因为可依靠的、经济的木制高层建筑体系需要不断
巩固。为给这项研究铺路，已经建造了几个3～4层
的住宅项目。
　　在卢德施，这个方案意在探索预构竖向服务管道
的方法，这是在预制混凝土住宅大行其道的时代里被
考量的一种技术，现在看来在木材的领域里更加可行；
在工厂里组装出宽2.8m、高3层楼的巨大管道，里面
装备着所有的基本管网构件和它们的控制面板。这些
管道将被装配在由地板和承重墙组成的木头"麦卡诺"
（世界著名的金属螺丝拼装玩具品牌麦卡诺Meccano，
中国20世纪七八十年代流行过类似的玩具，称为"建
造模型"。——译者注）上，这样一来，这个方案就
会非常有利于今后的进一步完善。

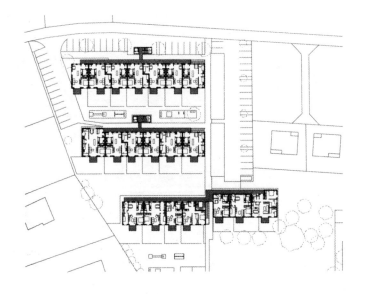

完成后的住宅，在山谷之中仍然散发着
乡村气息。

左图：
住区总平面图。

住区"内庭院"效果，阳台和走廊由纤
细的钢框架支撑。

下图：
剖面图，可以看见室外垂直交通空间。

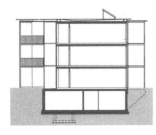 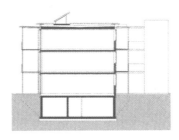

立面，展示了屋顶防护挑檐的细部，
以及外墙条板水平接头处保护装置的
细部。

王澍
杭州，
中国

"一堵石头墙就仿佛是一株植物，它是会生长的。"

The position of Wand Shu and his Amateur Architecture Studio is unique in the small contemporary architecture scene in China. In this country that is essentially one big construction site, there are few architects in the Western sense of the term. Most projects are still designed in architecture institutes inherited from the Maoist period, according to the industrial methods in which the architect is responsible only for the plans. In these agencies that employ hundreds of people, an architect can handle a million square meters per year. In china, millions of people migrate to the cities, where the pace of construction is without equivalent in history.

"A WILD AND UNCERTAIN ERA"

China has begun an ecological about-face, spurred on by the Olympic Games construction, which was observed by the whole world. Cleaning up pollution, "greening," using renewable energy, etc., figure into the programs, sometimes in a more pressing way than in the West. "Eco-cities" are under development. These efforts should be applauded when one considers to what point the needs of China for energy and materials will weigh on our shared destiny. But these policies reproduce 20th-century flaws: the development methods are brutal, drawing a line through the historic city, which was destroyed more by the 1990s than the Maoist era; the policies are more concerned with a politically tactical "CO$_2$ report" than with a better human condition.

There is a generation of architects, many of whom studied abroad, that wants to break away from these methods. They are creating firms of designers in the Western style, ensuring an inventive and critical practice, and forming a scene "from which we can expect everything," to borrow the beautiful expression of Frédéric Edelmann.[1] But what should we expect from a cultural domain that is in ruins? The skillfully handled urban fabric is destroyed, the building culture has disappeared,[2] and the enlightened modernity of the 1920s has been swept away. What identity should be forged for China? The debate has been going on for a long time. The perspectives opened by ecological necessity are still quite narrow here, in a country that is, urbanistically, in a state of emergency. Let's pause for a moment on that issue. Since this country that is a world in itself holds the key to the century (depending on whether it succeeds in managing resources and producing new energies), and so as not to get lost in the present uncertainties in China, we can choose to see it solely through this new prism: which architects propose a new "historical narrative" for China in the era of sustainable development? Some initiatives have already taken shape. Among them, the work of Wang Shu can be quickly spotted.

PORTRAIT OF A SMILING, INFLEXIBLE MAN

Wang Shu works in his（心灵的）hometown of Hangzhou, a scholarly city whose riparian old center was spared. Since 2003 he has been head of the architecture department of the China Academy of Art. With Lu Wenyu he founded the Amateur Architecture Studio in 1997. This name is not neutral. The agency is small, focused on few projects. Wang Shu is hesitant to build far away, for fear of losing the connection with the building sites. In Hangzhou, Wang Shu creates an architecture based on a re-appropriation of time and of Chinese culture. So that architects have time to be more attentive to the people. So that a millennial art of living can "infuse" the project, according to the cyclical idea of architecture as an art of managing resources:" Buildings that are today 400 or 1,000 years old were built of wood and brick, fragile materials, and yet they held on, because they were designed so that they could be perpetually renovated." [3] Wang Shu wants to show that China should civilize modernity through its culture.

Born in 1963, Wang Shu comes from a line of scholars, and his parents（父 亲）were musicians. During the Cultural Revolution, the family was sent to clear the land in Xinjiang, hundreds of kilometers from the elegant world of Hangzhou. The family secretly resisted, through culture. Wang Shu learned calligraphy and poetry. He was 13 when Mao died. He spent his youth reading the masters of world literature. When it came time to choose a major, he opted for architecture "because it was a *worthless* profession. As an engineer or technical expert, I would have been kept in Urumqi, whereas as an architect, I knew that I would be allowed to leave," （那个时代，人们认为只有学理工才有出路，而我发现只有建筑师，是理工专业中和艺术有关的）he explains with a smile [4] When the young man of letters was admitted to the very selective Tongji University in Shanghai, his relationship to the contemporary world was filtered through the study of 20th-century classics: Wright, Mies, and Scarpa, among others-a modern culture that had become almost anachronistic, which explains its uniqueness. He dedicated his doctoral dissertation to Aldo Rossi, that forgotten supporter of *genius loci* and of a rational, sensitive rereading of the major archetypes.

As for building culture, Wang Shu relearned it on the construction sites where he was very present, another determining feature of his approach. He noticed that "workers today are former peasants. They knew how to build, maintain their walls and their roofs, and they still possess technical skills. When ground is broken, I question them to find the ones who are knowledgeable. I set up teams so that we can think together about the best way to go about the work." [5] Wang Shu likes to

[1] "一切皆可期待 Dont on peut tout attendre" 出自 Frédéric Edelmann 在《新一代中国建筑师的职业画像》(*Positions-Portrait d'une nouvelle génération d'architectes chinois*) 书中的评价，巴塞罗那：Actar 出版社，2008 年。

[2] The Cultural Revolution unequivocally condemned architectural culture and building traditions as the "four stale things.""文化大革命"毫不留情地把建筑文化和建筑传统当作"四旧"来批判。

[3] 贾娜·雷维丁与 Françoise Ged 合编，全球可持续建筑年奖，2007 年。

[4] 同上。

[5] 同上。

renovate old buildings, which is even more unusual. For secular buildings, refurbished 100 times, he turns to bracing techniques and reuses the materials, like an archaeologist. Wang Shu uses simple, durable, sculptural materials: stone, brick, tile, wood, and concrete, which he employs extensively.

Everywhere else in the world, it is commonplace for an architect's work to be anchored in the past. In China, such an approach is highly critical. In his desire to preserve the architectural heritage of his country, the smiling scholar of Hangzhou objects to costly, obsolescent, and garrulous Postmodernism, which filled the cultural void of the word *Modernity*. "I was a writer before becoming an architect, and architecture is only part of my work.

For me humanity is more important than architecture, and arts and crafts are more important than technology." [1]

HISTORY AND INVENTION

Amateur Architecture Studio forged its approach methodically. Small projects are used as laboratories. Wang Shu reworks techniques, looks for affordable solutions, and also tests the synthesis of forms that comprise his grand design. He does not deny himself the refinements of composition. For the Ceramic House in Jinhua, Wang Shu salvaged discarded tiles and glazed shards with hues varying from blue-green to brown. This material is rich only in cultural terms. He designed a Miesian project and worked with masons for an immaculate implementation. The ceramic tiles are set in flawless lines, which give them their evocative power. In Ningbo, the Five Scattered Houses are variations on housing: one is protected by thick adobe walls and glass strips, another by the system of gray and black bricks that is so specific to China.

These experiments are recycled in larger projects, in which Wang Shu uses his full expressive range. The expansion of the Museum of Contemporary Art in Ningbo, built on the river, abandons the rhetorical pomp of the Maoist period in order to put forward a gesture that is clear in a different way. The building raises the embankments via a massive brick surrounding wall, with niches for large sculptures. Placed on this base, the museum takes over the fluvial landscape through the form of a portico

having a tall, long façade, with steel columns standing out against a wooden screen backdrop. Patios are carved out between the rooms-they are high and ventilated by large bays-and the wooden screen façade can be folded back so that the river forms the background of the scene. The aesthetic proposal is powerful, for Wang Shu is a scenographer who knows how to provide the foundations and orchestrate the connections with the landscape.

But it is with the campus for the China Academy of Art in Hangzhou that Wang Shu carried

off a project worthy of his designs. Theis 143,000m² campus occupies 48 hectares and was built over four years. "Behind this project, there are ten years of our work in Hangzhou, our knowledge of the city and of its landscapes. I thought about the fusion between modern architecture and traditional techniques, between architecture and nature, so that man would be happy in his environment." [2] The Xiangshan campus, completed in 2008, will join the new classics of world architecture, so much does this work allow us to glimpse the happiness that would be found and that China would give if it stopped denying its culture and took only the best elements from the West.

The site, a "former" industrial area, runs along the Qiantang River and faces Elephant Hill, which is still intact and wooded. On this plateau, Wang Shu built approximately 21 buildings: a library, amphitheaters, offices, a gymnasium, and classrooms. The architect first took charge of the scales as well as a spatial generosity that is rare in contemporary China and that Wang Shu acquired while pondering the Moderns (Louis I. Kahn comes to mind in this place). The promenade orders a site that is treated like an acropolis. The volumes have envelopes of varying texture: stone, concrete and wood, bricks, and tiles salvaged from areas that the city was demolishing at the time. An immense building of gray brick, a stone tower made using the ancient Roman *opus incertum* technique, which protrudes into an interior esplanade, which itself leads to an amphitheater, under a concrete dais that picks up, in three waves, the curves of old roofs. This approach to the form and the material could easily turn into a fussy affair-this was considered. Yet these old materials, which have emotional weight, are executed on such a large scale that any prettiness is set aside and restraint is imposed. The architecture avoids facility in its own rhetoric.

We surveyed the campus under construction with Wang Shu and Lu Wenyu. The masons were testing *wapan*.[3] These full-scale experiments preceded the construction of 30-meter-high walls, in order to verify how this facing would hold with such dimensions. In the presence of the sections of wall, these questions enabled us to understand that reality in China shields Wang Shu from nostalgia, from Chinese culture, and from Modern movement, which would immobilize him.

This reality is an expansion of space to the point that it is nothing like 20th-century space. The modern references that come to mind did not clog the project, which quite obviously fell within the framework of a Chinese space that pushed Wang Shu to go beyond these references, just as a musician seizes on a motif in order to free up the full scope of composition. Likewise, the size of the programs transforms the building culture that he wants to save. These projects are so large that he must in fact reinvent the skills that he saves, in order to make them competent once again. The architect who wants to use culture to civilize China's giantism puts back into the movement of history.

（P82～83 应王澍要求，保留英文。有三处括号内的中文为王澍后加。——编者注）

———————————

[1] 贾娜·雷维丁与 Françoise Ged 合编，全球可持续建筑年奖，2007 年。

[2] 同上。

[3] 瓦爿是一种干法石作工艺，用它可以把碎瓦、砖和石头碎块混在一起砌墙。这些碎块是从被台风摧毁的建筑墙面或屋顶上得来的。经过仔细地分拣，它们很快被用于修复或者保存起来，留着将来盖房子用。

中国美院象山校区
杭州，浙江，中国
2002～2008年

委托人：中国美术学院
建筑师：王澍、陆文宇——业余建筑工作室／建筑营造研究中心
总建筑面积：1期：65000m²；2期：78000m²
校区占地面积：48hm²
建筑造价：1期：1300万欧元；2期：1600万欧元

这座校园建在象山脚下：在疯狂城市化的杭州城里，凭借着保护"地标"的名义，这座近乎神圣的山才得以保留下来。象山脚下有河水蜿蜒流过，校园建筑用地有着宛如雅典卫城般的轮廓，只是山顶依旧林木葱郁。这组两段式的建筑创作，几乎是因这片自然景观"油然而生"，让人难望其项背：校园中的21座建筑与它们之间的花园呈扇形排列，环绕着象山。大部分建筑都设计成带中庭的形式，围合出朝着象山开敞的庭院。从学生宿舍到教室，从食堂到花园，所有的楼间小径都指向象山，走到哪里都能看到象山。不过，这并不仅仅因为象山是这片工业化区域中残存的自然景观，而是因为王澍成功地运用了"框景"手法。

这座校园自成一体，让学生忘却都市尘嚣。视觉的交错，升腾的动感，以及建筑师从景观、材料和天空中所提炼出的美学氛围，都显然让人联想起西方的步行街。而对序列的坚持则显得更现代，而且很可能源自于电影的启示：方案仿佛着山形"展开"一个长长的卷轴，让人始终把目光停留在山上。不过，它同样是、而且从根本上说仍旧是深刻的中国式建筑。因为王澍从书院建筑的空间秩序中汲取了灵感，书院建筑多是回廊式的，建在能让学生沉思和静修的地方。在象山校区，大型建筑采用矩形作为典型的平面形式，因而创造出方形的庭院和U形的建筑。经过世界各地的文明证实，这种平面形式无论用作画室、教室，还是宿舍和图书馆，都非常适宜。

山的北侧是画室和体育馆。画室建筑的外立面是混凝土，用几道遮阳板保护，以抵挡自然环境的侵袭。遮阳板是悬垂的金属材质，上面覆盖着从杭州城被破坏的遗址中抢救回来的灰瓦。内庭院的三个立面是实木的，由大片的木板组成。在建筑底层，这些面板可以像百叶窗那样收起来，就构成了门。画室全部朝向

内庭院，其中树影婆娑，翠竹摇曳，当百叶收起来的时候，画室可以完全敞开。于是，夏天的时候，空气就通过中庭和花园，从一座建筑流通到另一座。学生们沿着石墙顶上的连续跌落花园，从抬高的底层向下去到河边或者体育馆。人行栈道从上层的平台伸出来，越过小径上方，一直延伸到面对着象山的某个地方。

在象山南侧，校园建筑的布局更加密集和随意，形体故意采取一种忽动忽停的动感——可能更接近当代城市的韵律。巨大的建筑用干砌石作工艺（opus incertum）建造，一座紧挨着一座，用作阶梯教室和办公室。工艺和材料的变化让整个方案创造出足以令人头晕目眩的建筑序列。建筑体积是宏大的，巨大的悬挑结构框出了立面，赋予它们一种真实的深度，让人想起勒·柯布西耶在印度昌迪加尔所做的大尺度设计。这些巨大的、深远的屏障包裹着内部丰富的生活：我们可以通过所有的起伏来把握这种生活的韵律。在这些舞台幕墙的衬托下，门廊、洞口和高台仿佛是被人行天桥连接起来的剪影。在这座南方城市，步道通常设在室外，内庭院往往地势低洼，阵阵微风送爽。墙面是用一种称作"瓦爿"的砖作技艺修建，原料是采石场的红、黄色石头，还有灰黑色的瓦。

建筑长廊坡度非常陡，才能越过山坡，人们因此可以看到以巨大混凝土帘幕作为起始的屋顶群落：它们层层叠叠，尺度差异很大，再现了中国富丽堂皇的建筑中强烈的动感。而且，尽管屋顶是平坦的，但人们可以看到上面的亭阁，还有空中栈道，创造出另一座空中之城。

体育馆，道路沿着象山一直通到体育馆
入口。因为体育馆的地势比场地低，所
以它的屋顶被处理成"第五立面"。屋
顶和遮阳板上铺设了回收的旧瓦。

右图：
步道始于花园。图片中可以清楚地看到
校内建筑的石墙基础。

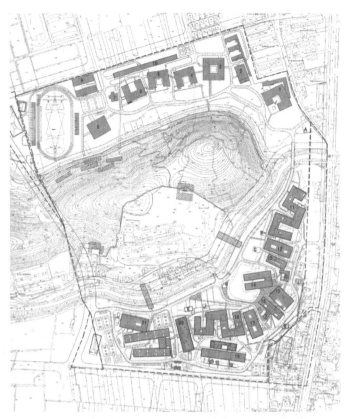

环绕象山设计的校区总平面图。西北侧是校园的一期，由设计成中庭格局的建筑、体育馆和步道组成（见前页）。东侧是校园的二期，布局较为密集，有意要形成这种鲜明的对比效果。

下图：
东校园内部实景。建筑体量变得错综复杂，交通路线跨越了多个标高。

二期内部实景以及构思过程中的轴测
图。注意近处道路的连接处理。为了让
道路延续下去,建筑被局部抬高起来。

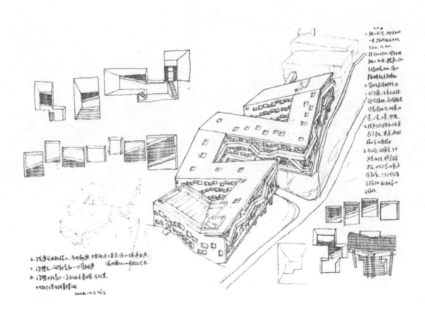

西北区校区大楼的轴测照片；它们被设
计成 U 形，环绕着一个内部庭院。屋
顶使用的是回收来的旧瓦，内墙面则采
用了木条板，有些还可以活动。

上图：
其中一个校区大楼的入口细部。西北区
校园建在一个用干砌石作工艺建造的石
头基座上。

下图：
站在可以通至象山的步道上看到的校园
景观。

五散房
鄞州公园
宁波，中国，2002～2005年

委托人：宁波市，中国
建筑师：王澍——业余建筑工作室
材料：黏土、木板条、钢、玻璃；石头和回收
的砖块、石灰抹面、未经处理的预制混凝土

　　鄞州的湖边上点缀着几处小房子。这些小项目是
建筑形式语言的实验室和试验品。王澍把传统技术和
现代技术融合在一起，遵照园艺法则来处理建筑的尺
度。这种对待文化的聪明手法不仅时尚，也得到了人
们的赞赏。

　　画廊建在护城河上，仿佛一座小小的城堡。王澍
将土、石头、钢和玻璃很好地结合起来。它的整体沉
浸式石头基础是用干砌石作的方法砌筑，这是长江三
角洲地区沿岸城镇所使用的工艺。外墙遮蔽在碟状的
屋顶下，是用土砌筑的，这也是目前仍在使用的一种
技术。如今，中国已经逐渐禁止建造符号化的和复杂
的屋顶结构，除了在北京或其他旅游地所修建的造价
高昂的"新中国式"景点。王澍在画廊的屋顶和外墙
之间设置了一条玻璃带，让它挂在纤细的钢屋架结构
上，比那些大屋顶要简洁得多；并由此形成一条空槽，
让空气和光线从这里穿过。整个画廊用一座石头小塔
楼来统御，它每层扭转一个方向，因而每层都有个小
平台。

　　茶室将混凝土和灰色及黑色的中国砖联系在了一
起。墙体是采用瓦爿工艺砌筑的，屋顶是混凝土的。
它硕大的外观仿佛在拿文化逗趣：这究竟是中国式
的？还是勒·柯布西耶式的？这个结构预示着日后将
会在杭州校园中出现的大屋顶。

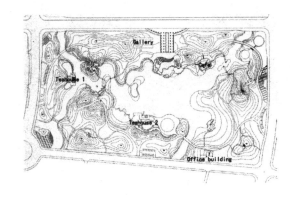

鄞州湖岸边小房子的总平面图（茶室1、
茶室2、办公楼、咖啡馆、画廊）。

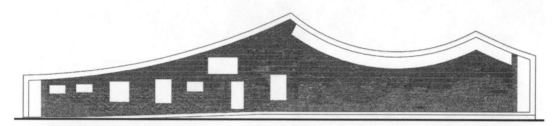

茶室立面。屋顶采用了曲面混凝土板。

在下方和后面的照片中，我们可以清楚
地看到瓦爿工艺，这是一种可以在连续
的底座上将不同规格的碎片装配成一体
的石作技艺，原料包括旧砖，瓦片，小
石块，陶片等等。

上图和右图：
茶室侧面立面展示了石作工艺的细部：石
头基础、混凝土地板、瓦爿墙。

下图：
瓦爿墙拐角细部，用砖来加固。

94 页图：
茶室室内景，混凝土拱顶以及利用处理
过的石块铺成的精美的传统装饰地砖。

这个画廊仿佛是湖中的半岛。基础采用
了干砌石，这种工艺在中国的长三角地
区至今还在使用。采用细钢框玻璃墙作
为土墙的保护层；在建筑与屋面之间留
有间隙，可以由此引入空气和光线。一
座小小的石头塔台控制着整个构图，它
在三层设置了通向入口和露台的通道。

2008 年度"全球可持续建筑奖"获奖者

法布拉齐奥 · 卡罗拉

那不勒斯，

意大利

"本土材料及工艺给建筑定义了一个新的传统道德准则。"

文化和社会中心，邦贾加拉，马里。
建筑前面的场地是石材堆放区，石材就
在现场切割。

当世界开始认识到新兴国家的生态问题不能通过引入另一个西方国家的模式予以解决的时候，法布拉齐奥·卡罗拉在非洲的作品则让他看起来像是这方面的一位先驱。这位建筑师致力于开创出能够与非洲的资源相匹配的技术和建筑艺术。他只需改变西方文化和非洲文化的交流语汇就能做到这一点。

法布拉齐奥·卡罗拉生于那不勒斯，他的父亲是当地的一个建筑承包商。甚至当他还是个小孩子的时候，法布拉齐奥·卡罗拉就对建筑工地非常熟悉了。但他更愿意离开意大利，去布鲁塞尔的坎布雷学院（École de la Cambre）学习建筑，并在 1956 年获得了学位。他的第一批作品在比利时建成，他为 1958 年布鲁塞尔世界博览会设计了几座展馆，并参与了一个预制木造住宅的项目。30 岁的时候，他摆脱了羁绊，第一次去了非洲——摩洛哥，这个国家当时刚刚重新独立。他应公共事业部的邀请，组建了"乡村研究中央办公室"，这是一个给该国发展提供指导的机构，1961～1963 年，在这个任务的引领下，这位年轻的建筑师进入了其专业的另一领域："新国王哈桑二世开启了发展乡村区域的历程；对于这样的开发而言，确立法定的城市格局是非常必要的。尤其必要的是，要把市镇厅、学校和露天市场建在各个主要乡村中心的什么位置确定下来。"[1]回到那不勒斯之后，他以项目经理的身份重新加入了父亲的公司，并且开始在施工创新上逐渐加入个人想法。那不勒斯启动了一个大型居住公寓街区项目，让他有机会去研究一种预制体系，他将这个研究内容一直贯彻到了项目的破土动工。他在公司里建立了自己的建筑事务所。他对新材料非常感兴趣，在意大利的重建和 20 世纪 60 年代的时代精神影响下，他申请了多项发明专利，例如增强聚酯纤维预制卫生间模块等等，都在大型居住建筑的施工工地中得到了应用。他对钢筋混凝土也进行了研究，还申请了一项专利并因此获得了 1967 年的 Regolo d'oro 奖。从那以后，法布拉齐奥·卡罗拉就成为一位建筑发明家，但是自己在建筑领域的"职业"前景始终令他难以释怀。40 岁之后，他终于决定离开自家的公司。

1971 年，他在马里接受了一份项目经理的工作。他与黑色非洲的这次邂逅最终改变了他的命运。在那里，他内心中的建筑师角色发现并且爱上了这个世界和这里的文化；他的项目管理者的身份让他看到了需求的所在，而建造商的角色让他不断地去寻求非破坏性开发的正确方法。"我的官方工作是监督莫普提（Mopti）河口堤坝的重建施工、港区新船篷的建设以及沿河的几座混合功能的居住 / 办公建筑的施工。当我接管这些项目的时候，我大吃一惊：船篷非常恐怖……柱子和梁是钢筋混凝土的，屋顶采用的是波形金属板……拿屋顶的高度来说，

哪怕阳光只有很小的一个倾角都会让阴影投射到别处去，让鱼全部都暴露在阳光下！更有甚者，船篷排布得杂乱无章，没有任何逻辑顺序，对港口、河道或者是人连最起码的考虑都没有……因此，尽管没有人要求我这样做，我还是回到了我的建筑师身份并对方案进行了修改，我尝试着避免问题的发生。至于代理商的房子，我建议采用传统的黏土砖技术来建造，因为这种方法更经济，并且还能与房子所在的村庄取得更好的协调……后来，管理部门要求我给港口设计一个河畔餐馆的方案。我想这是一个尝试采用传统建筑技术的好机会，在这方面我已经做了大量的研究。我设计了一个黏土砖的餐馆，屋顶采用棕榈树的树干搭建。当我介绍完我的方案，莫普提市长非常明确地表达了反对意见：他告诉我说，在一个体面的城市里采用这种"原始"的形式是难以接受的，这座餐馆应当用钢筋混凝土来建造！我回答说，如果由我来负责这个餐馆的设计，那么它就得是传统风格的，否则我就不干了。"[2]

赞同"相互平等"的文化交流

随后，在 1976 年，法布拉齐奥·卡罗拉接受了一家意大利公司的委托，去尼日利亚研究"经济型建造体系"（economical building systems）："当时我第一次提出了用砖石穹顶替代木制屋顶的想法，因为木屋顶的使用导致了沙漠化的问题。"[3] 在非洲，其他一些项目也找了过来，因为卡罗拉已经成为欧洲和非政府组织在非洲开展项目开发的专家。他发现很难将参与这些项目的人同从前的殖民者区分开来。1976 年，他写道："西方文明借助武器和美元的力量被引介和强加给非洲，但是带来文明的人不是伽利略、达·芬奇、莫扎特或者爱因斯坦这些创造文明的人——文明的创造者——而是那些文明的利用者，他们带来的是他们所了解的知识和他们惯用的技术，他们通常属于我们文化中层次较低的人群。绝大多数被派到非洲去弥补技术差距的人，其文化以及人文主义观念都非常有限，而且更有甚者，他们认为自己的文明是至高无上的。由于缺少对人道和文化层次的体察，使得他们无法认识到被他们视为低等的、所谓'贫穷文明'的真正价值。由于没有做好充分的准备，使得他们未做任何分辨就把我们文明中最荒谬的产品介绍到了非洲。由于这些产品的品质有限，当它们被引介给那些尚未做好准备来接纳它们的国家时，事情就会变得愈加糟糕：这就是非洲为什么会遭受西方文明二流产品入侵的原因所在。"[4]卡罗拉的方法经过这些年逐渐明确

[1] 法布拉齐奥·卡罗拉，"建筑师自传"，未出版手稿，2004 年。
[2] 同上。
[3] 同上。
[4] 同上。

下来。一次去埃及的旅行，引发了他对哈桑·法赛（Hassan Fathi）这个例子的思考。哈桑·法赛是一位建筑师，他开创了 20 世纪的埃及建筑，他把努比亚（Nubian）的传统技术进行了现代化处理，并将之应用在他们国家使用最广泛的材料——砖上。沉浸在古典文化之中的法布拉齐奥·卡罗拉相信，无论从文化的角度还是从经济的角度，地中海地区的建造技术都能与非洲的文化和非洲的工匠建立起同样富有成效的对话。古典的拱顶、穹窿、拱券结构是伴随着欧洲的砖石结构产生的，但只要能够找到切实可行的建造方法，它们同样可以用砖或黏土来实现。意大利的古典传统和非洲建筑之间的对话并不是"不平等的交流"。

一个自我发展的示范项目

　　1984 年在毛里塔尼亚建成的 Kaedi 医院让卡罗拉有了一个很好的机会来实现他的愿景。他的建筑师角色首先对标准工序进行了调整："在非洲，我发现家人经常会守在病人身边，他们的在场能起到治疗的作用。所以我设计了一个适合这种'家庭疗法'的医院方案。在 Kaedi，我们可以把这个医院做得更大一些，这样一来，所有的家人就能够住在里面"。接下来的必要步骤是，利用当地资源来实施建造，为此，所有的工作都需要进行再三考虑："在整个萨赫拉（Sahel）地区，黏土是最丰富的也是最经济的材料。木材则十分稀缺，而且木材的使用导致目前已经出现了沙漠化的问题。而钢筋混凝土十分昂贵，因为水泥的进口需要支付硬通货。因此，我选择黏土作为基本材料，用它采用传统的方式来制砖。以前，砖只是在太阳下直接晒干后就拿来使用，因此非常不耐雨，需要经常维护。因为没办法确保维护像医院这样的公共建筑，所以正确的解决办法是对这些砖进行烧制，让它们能够防水。这就带来了燃料的问题，由于需要烧制黏土，所以我不得不使用数量庞大的木头，这又把我带回到沙漠化的问题上。最后解决办法则来自大米的副产品：稻壳。一片 600 公顷的稻田加上一座位于 Kaedi 的给稻米去壳的中国工场，能生产出大量的大米、糠和稻壳。最后，稻壳这种东西就堆在一边，既不能吃，也没有用，因为连牲口都不吃，所以任何人都可以随便拿去用。经过几次试验之后，我成功地造出了一个既简单又经济的炉子，它用黏土制成，而且本地的工人就能建造；这个炉子能够让稻壳高效燃烧，因此可以得到

烧制砖块的足够温度（在一定的条件下，我能够得到 1200 ℃ 的高温）。就建筑技术来说，在放弃了木头和钢筋混凝土并代之以砖作为主要材料之后，剩下就是如何实现弧形结构的问题了，也就是，拱券、拱顶以及穹顶结构。撒哈拉从来没有出现过砖穹顶，所以它是一种全新的结构形式，而且毫无疑问，人们接受起来会非常困难。非洲城市规划和建筑发展协会（Association for the Development of African Urban Planning and Architecture，缩写为 ADAUA）曾经利用圆规法在 Rosso 建造过一些圆屋顶：借助圆规这种器械，无需事先设置任何木头支撑就可以建起穹顶。因此，这是一种非常经济的屋顶体系，是哈桑·法赛从古代技术中重新发现的。ADAUA 曾经使用过这项技术，随后我也用到了它。但是，使用这种技术只能得到球形的穹顶，我发现人们住在 Rosso 的这种房子里会觉得有点憋闷。于是，我对圆规做了一些改动，这样就能得到高一些的尖顶拱，结果带来了更多的通风量。当我在第一轮草图（上文述及）的基础上确定了医院的特点、材料和建造体系后，我们就开始着手设计和建造这个新工程。"[1]

　　卡罗拉的叙述让人们想起费尔南·普荣（Fernand Pouillon）关于建造西多会修道院的美丽故事。[2]（西多会，天主教隐修会，又译西都会。1098 年由法国人罗贝尔始建于法国勃艮第地区第戎附近的西多旷野。因会服为白色，又称白衣修士。该会主张笃守会规，推行静默、祈祷、垦荒等隐修制度。1883 年传入中国。——译者注）但是这座医院的形象告诉我们，我们并不是在欧洲。这个项目的整体构图犹如一个村落，它有着公共广场和村庄，又仿佛是外星生命，医院穹顶的高耸轮廓成了它的标志。意大利评论家 Luigi Alini 评价这座建筑是非洲首个有机的——甚至是仿生的——建筑。我们更愿意使用 Fernand Braudel 的"世界作品"（world-work）的概念：一个包含了非洲发展所面临的所有复杂情况的项目——但是它提出了一套适用的应对措施。如今，法布拉齐奥·卡罗拉主要在马里工作。他带着他的圆规，在每一个建设工地上给人们做培训。最近，在我们前去参观他在莫普提的最新作品的路上，我们看到了一座用黏土和石头建造的漂亮的建筑，我们以为是卡罗拉的作品。而实际上，它是卡罗拉培训的一名年轻的马里承包商的作品。

[1] 法布拉齐奥·卡罗拉，"建筑师自传"，未出版手稿，2004 年。
[2] 费尔南·普荣，"野生的石头"（Les Pierres sauvages），见《野生的石头》一书，巴黎：塞伊出版社 Le Seuil，1964 年。

KAMBARY旅馆
邦贾加拉，马里，1997～1999年

委托人：SOHEMA（瑞士——马里酒店公司）
建筑师：法布拉齐奥·卡罗拉

　　法布拉齐奥·卡罗拉在马里的莫普提和邦贾加拉做了很多作品，这些项目位于多贡人（Dogon people）生活领地的边缘地带。自从1935年多贡文化被人类学者Marcel Griaule"发现"以来，它就让西方为之心醉神迷，这一地区已经成为马里、事实上是整个西非的旅游首选地。马里政府支持这一旅游产业，但也试图避免由此带来的负面影响。在它的东部，是巨大的邦贾加拉峭壁——7个世纪前，在这块高地的山脚下诞生了多贡文明——1989年它被当作地标保护起来。沿着它的全线（它在平原和砂岩山丘之间断断续续地绵延了200公里），旅游观光围绕着多个中途休息站展开，这些中途休息站都设在离开峭壁一段距离的地方。

　　因此，Kambary旅馆就建在距离峭壁大约20公里的地方。这个为徒步旅行建造的基地是法布拉齐奥·卡罗拉在邦贾加拉实施的一系列项目中的一个，借此让他打造出了一条可持续建设的"路线"。很显然，法布拉齐奥·卡罗拉并没有模仿多贡的建筑形态，而是利用相同的建筑材料创造了一种新的建筑风格，并由当地的承包商实施建设。在这片满是砂岩和石灰岩的环境中，石头是理所当然的选择，但是如今对石头的利用并不多见。法布拉齐奥·卡罗拉和石匠们一起重新启用了采石场。在岩石的表层，石头是一层层分布的。他们利用一种很简单的工具——拐棒和锤子把石头抬起来——就可以把那些能够剥离下来并且易于切割的石块抽取出来。

　　随后，这些石匠就变成了泥瓦匠，负责修建那些穹顶。这座旅馆由多个利用圆规技术修建的独立穹顶小屋组成。餐厅是露天的，由一圈连续的半拱围合而成。这里的穹顶在受力平衡的问题上不太一样，当然，石头基座的高度已经接近了建筑的极限。在房间里，窗户是由黏土陶罐的残片嵌在外墙上形成的。穹顶的顶部是打开的，热空气可以从顶部的窟窿散出去。门是实木的，也是由马里的工匠制作的。在建造的过程中，花园就开始进行绿化种植，如今，餐厅看起来就像是一座小小的绿洲。从平面来看，这座旅馆可以被看做是一个村庄，这里既有小屋，又有避难所。穹顶的造型既未模仿传统的多贡建筑，也未模仿平原村落的那种方整的黏土房子。事实上，Kambary旅馆算得上是为新世纪设计的一座建筑，仿佛是出于其他目的而建造的；可能它更接近于欧洲第一代生态设计的乌托邦理想。

这所酒店被设计成一座由多个石头穹顶
组成的"小村庄"，其间设有一座花园。
这是主入口，可以看到带肋的拱顶和花
格窗的细部。

左图和上图：

分布在花园里的每个穹顶内都有一间卧
室及其服务空间。休闲娱乐空间位于体
量较大的带肋穹顶内。窗户是用砌入墙
体的陶罐做成的，从这里可以看到建筑
外墙上露出的陶罐的颈口。

传统医药地方中心
邦贾加拉，马里，1998～2000年

委托人：意大利国际合作部和马里卫生部
建筑师：法布拉齐奥·卡罗拉
施工：法布拉齐奥·卡罗拉，Fabrizio Della Rocca

　　这个项目是非洲药用植物研究及生产中心。它包括一座用于实验和诊病的建筑，一座加工和包装药用植物的小工厂以及多个管理用房。

　　研究及医疗中心通过一个圆形中庭组织在一起，它由一连串的砖拱顶围合而成。这个能够遮阴并且施工出色的环廊可以直通实验室和诊断室，它们则采用了双层拱顶结构，并利用竖井来通风。建筑内侧的拱顶用砖砌筑，外侧拱顶则使用了石头。这样一来，建筑的外观看起来就显得更加粗犷也更有矿石感。这些几何形体的可识别性也因此被弱化了，特别是拱顶外围的支撑墙也被处理成了不规则的形状。这一表现主义的建筑设施美化了这里的红色和土黄色的石头。中庭的室外环廊向着小花园敞开，周围则环绕着洒满阳光的拱形墙面。砖块构成的均匀肌理和拱顶表面上露出的石块之间形成了漂亮的对比。

在这个中心里，干接缝的圆顶外表面与
采用切割石材砌筑的旅舍圆屋顶之间相
映成趣（见左页）。

上图：
草药在加工和包装之前放在室外晾干。

下图：
医药中心的外观看起来简直就像是一个防御工事，至少那种自然的粗糙感让它们看起来像是碉堡。

内庭。有顶盖的环廊可以给小路和环道
遮阳。

下图：
其中一个草药加工室的室内。

文化和社会中心
邦贾加拉，马里
2008年至今

委托人：N·EA
建筑师：法布拉齐奥·卡罗拉

法布拉齐奥·卡罗拉最新的项目是一个技术的大集成，既有传统的，也有引进的适用技术。此外，这个文化中心将成为欧洲与非洲之间文化交流的场所，退休的欧洲教授将会来这里培训马里的年轻人。该中心将会发展成为多个小村庄，其中包含居住单元、教室、工作室以及用于就餐和活动的普通房间。

该项工程之所以能够长期开展下去，是因为它有可靠的石材来源做保证。施工现场本身已经成为一个培训中心。用于外围护墙的生黏土砖就在现场制作和晾晒。而在几公里之外，采石场的工人们将石头开采下来，并把未经加工的原石运到现场。石块的切割工作就在工地旁边的一个用树枝搭成的棚子下面进行，这个棚子就跟人们在市场和村庄中随处可见的棚子是一样的。圆屋顶是由法布拉齐奥·卡罗拉培训过的石匠们利用圆规法修建起来的。这个建筑工地几乎没有消耗任何能源，也没有搭建木质脚手架。在这座植物稀疏的小山上，第一批建成的规整的圆屋顶看上去就像是 20 世纪 60 年代未来主义风格的度假村，而不像是当地的居所。这并不是什么巧合，法布拉齐奥·卡罗拉的作品跟保罗·索拉尼 (Paolo Soleri) 的作品一样，都留有 20 世纪 60 年代的形式自由和历史乐观主义的鲜明痕迹。

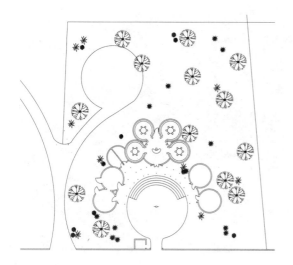

施工中的文化与社会中心：建筑前面
的场地是石材堆放区，这些石头从几
公里以外的采石场运过来并在现场进
行切割。

左图：
施工中的文化与社会中心的平面图。

上图：
室外的石料切割工作间。

下图：
利用圆规法施工圆屋顶。人们会发现在
杆子的末端有一个角钢，它的作用是在
砌筑中帮助对齐石块。

施工现场。用于外墙的生土坯砖在现场
进行制作和晾晒。

Elemental 事务所

圣地亚哥，
智利

"在投资不变的前提下，民主合作会带来更大的效益。"

Renca 住宅项目的立面，圣地亚哥，智
利（见 126 页）。

出生于 1967 年的阿莱桑德罗·阿拉维纳既是一位建筑师，也是一位教师。自 1994 年成立自己的公司以来，他的建筑作品荣获了诸多奖项，包括公共建筑和大学等等。他的公司还给热衷于材料与几何的设计师提供研讨学习的机会。2000 年，他与工程师 Andrès Lacobelli、建筑师 Pablo Allard 共同创建了 Elemental 事务所，这既是一家设计公司，也是城市贫困化问题的研究中心。Elemental 事务所是一个"行动智囊团"（Do Tank），也就是说，一半职能是公共建筑设计公司，另一半职能则是举办研讨会，他们与圣地亚哥大学合作，重点研究智利公共住宅的设计创新模式。Elemental 事务所关注的重点是，如何改善最贫困居民城市生活环境的问题，其目的是建立一个"可持续发展的城市经济"。换句话说，Elemental 事务所认为，可持续发展城市的新的发展目标应该与努力建立一个平等城市的目标是一致的，自 20 世纪社会保障房问题出现以来，以建立平等城市为目标所进行的努力就从未停止过。

城市是首屈一指的可再生资源

从这个庞大的题目上就可以看出，在解决可持续发展所面临的问题上，南美大陆所采用的手段与美国和非洲所采用的手段有着很大的区别。关于城市的讨论包括超大城市、非收缩型城市以及提高对住房这个比欧洲更为突出和紧迫的社会问题的关注度等等。Elemental 事务所是妥善处理这类危机的保证，最重要的是，它的突出是源于其理念的出色。在智利，民主的回归与生态意识的首次觉醒同时发生了。这就是为什么 Elemental 事务所的分析家会提出，只需采用回归高密度城市这一种办法就能同时实现这两个目标的原因。可持续发展的城市是一个停止向外扩张的城市，因为无序扩张会导致成本的不断攀升（从交通、能源和污染的角度而言）。一个民主的城市是指，由于城市的高密度以及与城市中心的便捷联系，因此居民能够很方便地接触到文化、教育和多种多样的事物。从政治和生态的双重角度来看，城市是可以实现更加和谐发展的途径和资源。指导 Elemental 事务所"智囊团"（tank）"行动"（Do）的出发点基于以下结论，"如果我们想要通过发展来打破不平等所导致的恶性循环，我们就要去设计并建立起更加美好的邻里关系。"

其对策就是高密度。了解诊断的要点既是一件很有意义的事，也是一道必要的工作程序。首先，它包含了对伦理的提示：建筑要为发展作出贡献。由于西方的觉醒意识还没有深入到新兴国家之中，因此，住宅是一种发展因素的理念依然在发挥作用。但是同样的原则对于建筑师而言则清晰地表现为，住宅尚不能成为整体发展的组成部分。发展与减少不平等之间还没有建立起联系，这是 21 世纪所特有的一种现象。在那些由于发展而导致城市中心"中产化"，并将最贫困的居民远远驱逐到贫民区去的城市里，这种感觉尤为强烈。智利目前正经历着一个恶性循环，它以城市爆炸的方式加速着贫民区的蔓延。面对贫民窟的问题，Elemental 事务所把对城市的诊断结论落实到项目上，通过这些项目给出明确的建议：借助他们的经验，Elemental 事务所希望能够通过工程学和先锋派建筑学在改善智利的生活水平、借助城市这种无限资源来构建平等的问题上作出贡献。

MAS CON LO MISMO——相同条件下要做到更多

年轻的智利民主政体希望能够缓解住房危机。在 10 年的时间里，智利总共建设了一百万套住宅。这个建立在家庭房贷基础上的项目惠及中产阶级，但是在控制城市周边贫民区进一步扩张的问题上却并不成功。Elemental 事务所的工作目标就是要修正这个缺陷。通过把生态问题与社会问题紧密联系起来的方式，"智囊团"抛开了关于可持续建筑——某些建筑设计师在西方被称为"微缩画家"（miniaturist）——的争议，并将注意力集中在可持续发展的"社会支持"（social pillar）的问题上，这一举措主要面向的是南美的城市。更发达也更加可持续的超大城市将会让贫民窟的居民们重新回到城市中心区。

在智利，关于让住宅成为"发展因素"的研究本应在常规的市场条件和公共事业预算范围内进行。但与欧洲有所不同的是，新的政体没有——而且也不打算建立——诸如房地产市场的法律法规或是公共住宅管理部门之类的管理手段。如果说，欧洲通过不占用位置优越的土地以及为依然昂贵的生态建筑技术超支的费用提供资金资助的方式，成功"确保"了社会保障房的经济性的话，那么 Elemental 事务所在这方面就需要做到 hacer mas con lo mismo，也就是在相同条件下要做到更多——普通的公共住宅预算是相同的，地价也是一样的。这只有通过创新才能做到更多——效益创新、产品创新以及施工创新。

一个开放性发展变化的项目

Elemental 事务所的首个创新——开放建设体系——是"相同条件下做到更多"这一理念的直接结果。Elemental 事务所研究出了这个方法，并在伊基克 (Iquique) 的一个建于 2004 年的社区中首次进行了尝试，以便将一个位于城市正中心并存在了 30 年的贫民窟保留下来。以往的开发思路是，先将这个贫民窟拆除；然后再重建一个社区并让那些掏钱买下这里房子的新居民搬进来，而原来的居民则被送到城市的郊区从而形成一个新的贫民区。Elemental 事务所为生活在这块市中心贫民窟里的 100 户居民进行了抗争，通过名为"无需贷款的活力社会保障房"的公共项目，给那些赤贫的家庭提供补助金，从而让这些人也能够住上房子。但是，一旦花钱买下了土地，剩余的钱就不足以完成全部的住宅建设。在尝试了所有可能（组团、小高层）的办法但仍未找到解决方案后，Elemental 事务所将这个问题做了反向思考，让问题本身成了最终答案。"智囊团"推出了一个新的体系：将半成品的房子交给居民，由居民自己去建设完成。在南美洲城市快速复兴的前景下，这个在经济上富有战略意义的方法包含了真正意义上的生态理念：如果住宅建设不能由社会继续负担下去的时候，那么它就必须是可持续发展的，借助自身的可逆性和自身能力退回到先前最基本的形态，在此基础上，人们可以对它进行改造和重建。

这个团队研发出一种开放性的住宅产品，它是由最基本的要素构成的最小单位——屋顶、外围护结构、有自来水的房间——以及一个可以后期加建的空间。在伊基克，住宅平面采用了联排的形式，它有着奇特的城墙垛口般的外观。在首层，厨房和入口连起来构成了住宅的基座。在二层，房子只建了一半，由此形成了一个由 L 形的实体和凹口交替出现的连续形态。在智利，遵照原样复制的精神，这个建筑项目得到了推广，也由此暗示了混凝土和砖的广泛使用。严整的混凝土框架形成了建筑的竖列。它是经济实用主义与直接来源于 20 世纪及其居民点的理性文化的综合产物。其概念就是，住户日后可以按照自己的想法加建 L 形中的空缺部分。项目移交一年之后，空缺的空间都被填满了。整个项目是一个很有说服力的示例，展示社会杠杆的作用以及 Elemental 事务所设想的可逆产品所具有的潜力。这个结实漂亮的框架给后期的建造作业提供了主体结构，在加建施工的过程中不仅营造了邻里气氛，又进一步推动了发展，因此这个框架还将继续发生演变。

这个让最小住宅单元充满生命力的概念还有其他的表现形式，这取决于场地和项目所具有的条件。Elemental 事务所在给绝大多数不同的城市用地设计社会保障房时，总是会遵循适宜的并且可负担得起的建造原则。Elemental 事务所为 2007 年被地震摧毁的托科皮亚 (Tocopilla) 所设计的抗震住宅，每栋的造价为 1 万美元。目前，已建成的一长串社会保障房的名单说明，这个概念可以让城市变得更加致密，从而造福没有特权的人群，而不是让日渐破败的城区贵族化，把没有特权的人群送到城市的郊区，并让城市扩张及其负面影响进一步恶化。

阿莱桑德罗·阿拉维纳也为贫民区设计服务设施。对 Elemental 事务所来说，"可持续"就是一种能够满足多种需求的、灵活的、能让人们负担得起的设施。在 400 Ferias Libres en la Región Metropolitana 的项目中，Elemental 事务所为一座带有顶盖的大跨度空间设计了一种轻质结构。该建筑坐落在一个小广场上或者说是一片空地上，它的内部可以是一个市场、一个运动场或者是一个演出厅，这要根据一天之中的不同时段来决定。10 根柱子支撑着一个考虑了"公共"照明的钢制篷顶。在天篷下面有两条混凝土长凳，可以用作座椅、市场的柜台或是舞台。这个理念与卡琳·斯玛茨为偏远小镇设计的多功能中心有些类似。这种相似性非常有趣。它并不是来源于"可持续建筑师们"的共同审美观，而是来源于关注场地的建筑师所持有的类似的实用主义观点。它同样展示出了都市化的力量，这在世界上的任何地方都是一样的。它倡导实用的、直接的解决方案以及能够体现当代文化的美学。

贫民区百户家庭回迁项目
伊基克，智利，2004年

委托人：Chile Barrio
建筑师：Elemental 事务所
邻里委员会：Comite de vivienda Quinta Monroy
工程师：José Gajardo，Juan Carlos de la Llera
建设方：Loga S.A.

　　伊基克的住宅开发是 Elemental 事务所所有工作的原点；该事务所的设计尝试在不牺牲住宅面积、也无需把贫民区的居民送到城市偏远地段的方式来实现贫民区的回迁。在伊基克，Elemental 事务所放弃了西方公共住宅的开发模式。因为预算无法支持其中的任何一种形式——街区式、塔式或者板式。于是 Elemental 事务所打破了这个模式——正如克里斯托弗·哥伦布对他的鸡蛋所采取的办法是一样的——让公共住宅立了起来。[1]"我们宁可建造半边好房子，也不愿意建造一个完整的糟糕住所。"

　　当伊基克政府为了整顿邻里环境而决定拆毁位于市中心的那片根深蒂固的贫民区时，里面的 100 户人家已经在那里生活了 30 年。Chile Barrio 公司，一家公共住宅开发商，买下了这块用地。Elemental 事务所为项目开发设计了总平面图，未来在这里只建造半边式住宅。基地的形状像是彼此相邻的两个不规则四边形。拟建的 100 座住宅是连在一起的 3 层高的竖向单元。这些竖向休块沿着用地的周边排布，由此形成了四个带有内庭院的小组团。

　　在混凝土板基础上，首层是由混凝土框架和承重隔墙建造的彼此相邻的居住单元。混凝土基础板就是住宅的首层地面，住户可以向庭院扩建储藏室、工作间或者其他用途的房间。这种方式与当地居民的生活方式非常匹配，他们是手工工匠或是雇佣工，他们的作坊和做生意的地方或者做副业的地方都是挨在一起的。住宅位于这一层的混凝土屋顶之上，采用混凝土框架和砖墙建造，但是住宅只占用了楼板的一半面积（30m²）。在这些小塔楼里，Elemental 事务所利用购买土地之后剩余的钱来建造"住户自己做不好的东西：厨房、卫生间、隔墙和隔热做法等。"

　　混凝土框架加填充墙的做法可能是当今世界上应用最广泛也是最经济的一项技术。所有的承建商都会做，而且最重要的一点是它的建造周期非常短：贫民窟在一个月后被拆除了，之后又用了 11 个多月完成了住宅的建设。虽然社会保障房的建造模式被打破了，但是阿莱桑德罗·阿拉维纳并没有抛弃欧洲结构理性主义的原则和美学。框架与单元之间的虚/实韵律是一种富有冲击力的表现形式，很好地"弱化"了居民们在预留空间里采用土办法加建出的房间的影响。从社会发展的角度来讲，这个框架结构在允许（事实上，是提倡）居民后期"实施"改造方面也非常成功。在这里，规整的结构为灵活性提供了保证。

---

[1] 在欧洲经典寓言中，哥伦布和一群西班牙贵族一起用餐，其中一人评论说，如果哥伦布没有发现西印度群岛，那么别人在晚些时候也会发现，结果将是一样的。作为回应，哥伦布让人拿了一个完好的鸡蛋放到桌上。"各位大人"，他说，"我可以和你们中的任何人打赌，在不借助任何帮助的情况下，你们无法像我一样让这个鸡蛋立起来"。所有人都做了尝试，但没有人成功，当鸡蛋传回到哥伦布手中时，他在桌子上轻轻磕了磕，让鸡蛋的尖端变平。于是，鸡蛋就立了起来，这个故事的寓意就是，一旦一项业绩完成了，任何人都能看到是怎么做的。见 Girolamo Benzoni 的《新世界故事》（*Story of the New World*，1565 年）。

右图：
居民入住几周前的住宅。底层是小间的公寓房，可向庭院扩建。上层是两层高的"独栋住宅"，可通过一座木制楼梯上去。已经建好的体块里是厨房／起居室和一间带有卫生间的卧室。居民们随后可以通过在二层空地上加建房间的方式来扩大住宅面积。

左图和左下图：
内部空间跟当初移交给居民时是一样的，而居民会根据自己的喜好和最低限度的支出来对建筑的外观作出改动。

右下图：
过程图解：施工中的三个过程阶段，最后一张是居民自行建设阶段。

内庭院，通过虚实相间的韵律来实现围
合和界定。

左图：
室内，跟当初住户刚搬进去时是一样的。

下图：
经居民自行建设之后的外立面。

下图：
纵剖面。与未来扩建部分平行的墙体是
由混凝土框架结构加空心砖填充墙构成
的，因此很容易进行拆改。

右下图：
永久建筑体块的横剖面。厨房和卫生间
使用了同一套设备管网。

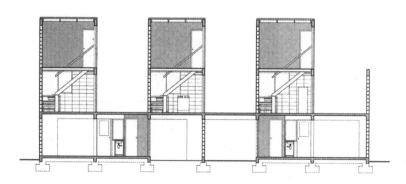

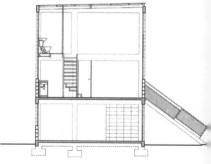

住户及其中一个居住单元。

镜像住宅（LO ESPEJO）——社会保障房项目
圣地亚哥，智利，2006～2007年

委托人：Un Techno para Chile
规划和建筑师：Elemental 事务所
住宅委员会：Un Sueno por Cumplir
工程师：Gonzalo Santolaya
主要承包商：Simonetti 建设公司
住宅初始建筑面积：36.2m²，联排住宅：37.1m²
自行扩建的建筑面积：60.2m²，联排住宅：68m²

　　这个社会保障房项目位于一片已经非常城市化的区域，并且与一个新建的公共广场相毗邻，自行建设的原则通过两种方式来实施。住宅彼此连接成排，排与排之间完全平行，借此形成了规整的内部花园的边界。每个单元均占用 6m×6m 的一小块用地，首层有一个 3m 宽的内部平台，可以用作今后加建的地方。住宅高 3 层。首层是彼此连在一起的小公寓，公寓前面有一个小花园，里面的平台可以用来加建房间。位于二层的平台可由居民自己加以分隔利用或是改作其他功能。实际上，这个项目的内庭院如今已被两排附属建筑所占用，这些附属建筑采用了轻质框架结构并配有金属屋面或是聚碳酸酯屋顶。另外，联排住宅建在了首层的平屋顶之上，可以通过一架木质楼梯上到这一层。委托人完成了联排住宅的主体框架：分户墙和屋面板。这个巨大的、几乎是立方体形状的"框架"中，有一半的竖向空间盖上了房子，房子的下层是厨房/起居室，上层是卫生间和卧室。由入住的家庭来完成外墙饰面的处理，他们还可以将联排住宅旁边的空间利用起来，由此额外增加出几间卧室。

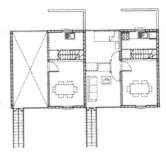
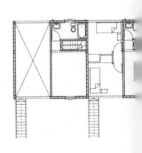

伊基克的 Lo Espejo 社会保障房项目继续沿用并且发展了居民后期自行建设的模式，他们给整栋楼加盖了一个屋顶。这样一来，将来由居民自行加建的空间上方就有了现成的顶盖。

左图：
联排住宅上部户型的首层和二层平面。图中可以看到用砖石砌筑的实体部分，其侧墙上的设有一道门，开向居民日后可以自行加建的透空敞廊上。

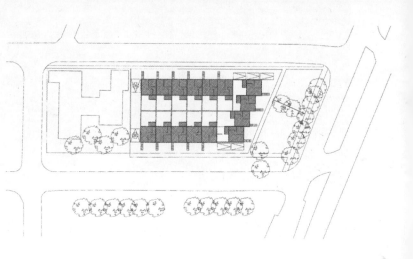

左上图：
居民入住并自发加建后的 Lo Espejo 住宅。

右上图：
立面和主剖面图，二层空出的敞廊可由居民随后自行加建房间。

一套等待居民入住的公寓。

等待居民入住的住宅整体外观形象。
这个地块围合出了一个内部庭院，并
被分隔成了多个私家花园（见 123 页
的平面图）。

Renca居住区——安置房项目
圣地亚哥，智利，2006～2007年

委托人：CONICYT
规划及建筑师：Elemental 事务所
住宅委员会："Coordinadora de Campamentos y Comité de Allegados Construyendo Nuestro Futuro"
工程师：Gonzalo Santolaya
主承包商：Loga S.A.

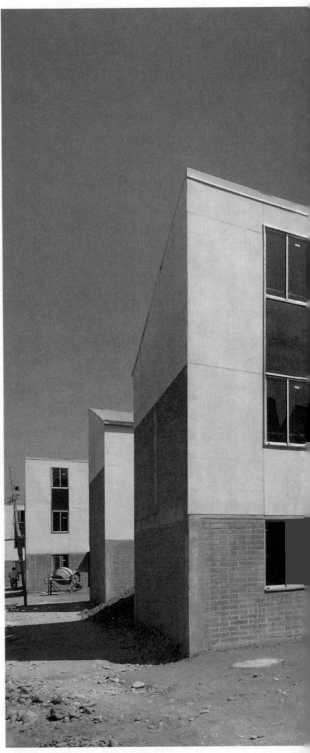

　　这是一个面向 Renca 贫民区的居民，为低收入家庭建设的住宅项目，该贫民区距离市中心有一小时的路程。项目用地位于科罗拉多山的山脚下，沿着巴西大街的南侧展开，自然环境非常优美。但由于这里以前曾是一个非法的垃圾倾倒场，因此需要将地表 2.5m 厚的土层清走。在建设用地靠近道路的区域，Elmental 事务所把建筑排布得比较紧密，同时将清挖出来的土方堆放在用地的北侧，这里还将另行开设出一条新的道路。土方清运的成本是影响该项目可行性的关键因素。

　　这些联排住宅以 25 户为一组形成一个个的 U 形，并沿着道路一字排开。U 形中间的空心部分是每户的私家花园。每套住宅（折板屋顶、两层高）都是面宽 4.5m，进深 6m，需要用到自来水的房间在立面上排成了一个竖带，它将住宅彼此隔开。施工初期，在混凝土砖的砌筑过程中，人们发现："一个家庭如果单靠自己的力量，无法正确完成厨房、卫生间、分户墙和隔热材料的施工。"于是，承重的分户墙被建在了 2 层顶板上，各家各户的厨房／起居室在首层构成了一条连续的水平带，2 层只完成了卫生间的施工。在后续的施工中，为这个结构框架的首层及 2 层铺设了木地板，给立面砖墙粉刷了涂料。建筑的屋顶和位于立面凹槽处的卫生间的屋顶上都铺设了波形钢板屋面。然后，由住户自行完成施工的收尾工作——外饰面处理。整个过程包括清运土方在内，历时 18 个月。

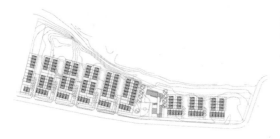

U 形组团的外景。在每套住宅的旁边都配有一个设备耳房，用来容纳设备设施。

乡村工作室

纽伯恩，

阿拉巴马，

美国

"我们简朴的可持续性源自于必要性。"

在乡村工作室所在的纽伯恩大学的校园
里，用木头和瓦楞硬纸板建造的一座学
生工作室。

在美国，"生态学"承载着 1968 年的社会精神进行了初次亮相，它的出现甚至早于第一次石油危机，这一点跟欧洲是一样的。从那时候起，大学院校开始把他们的研究课题集中在收缩型城市、新技术、能源种类等方面——于是，全能的太阳能理论出现了，华盛顿最好的建筑院系组织开展研究工作。"停止发展"[1] 和"第三次工业革命"[2] ？这些概念既没有引发冲突，也没能平息争论。美国人的争论更加深入也更加广泛。

乡村工作室是萨缪尔·莫克比（Samuel Mockbee）于 1992 年在阿拉巴马州的奥本大学（Auburn University）创建的。由实践者转变为大学教授的莫克比想开创一种新的教学方法，能让学生们对社会和经济的实际状况感同身受。他通过成立工作室的方式来实现他的想法：让学生们为全州最贫困地区——黑尔郡的最贫穷的居民设计和建造住房。16 年过去了，乡村工作室至今仍在正常运转。先后有 400 多名学生参与过这个项目；可以说，那些改善居民生活条件的住房重塑了这个郡的形象。自 2002 年安德鲁·弗里尔接管乡村工作室以来，工作室扩大了规模，修建了便利设施和集会场所。乡村工作室已经从一个教学实验转变为社会性建筑及可持续建筑的研究室。为了能更好地理解这一演变进程，我们需要回到 1990 年的奥本校园，去看看它当时的样子。

活动房屋（MOBILE-HOME）社区

乡村工作室成立于 20 世纪 90 年代工业危机时期，这并非偶然。在美国南部诸州，工业危机加重了 60 年代以来就挥之不去的贫困问题。这种状况引发了一场猛烈的政治争论。随笔作家温德·贝瑞指出（温德·贝瑞，Wendell Berry，生于 1934 年，美国生态诗人、生态评论家、随笔作家、小说家，其作品中蕴含的生态思想对美国乃至世界生态文化、生态评论甚至整个生态思潮都产生了深远影响。——译者注）：工业危机证实了一个观点，即工业化取代农业经济是殖民主义的另一种表现形式——工业化引发了外来人员对资源的掠夺，而非发展。于是"黑土地带"[3] 先是被棉花工业辟为殖民地，随后失败了，接着是大豆工业，它让土地变得衰竭，最后也遭遇了失败；于是，经历了多次定位的调整，最有技能的居民都纷纷离开了这一地区。关于未来，温德·贝瑞发现，在遭受工业化的这些摧残之后，没有什么东西能够拯救美国南

部诸州，除非摆脱工业并重新回到农业这一根本上来，因为它们仍然以集体参与、个人责任的道德标准以及企业社会的爱默生式理想主义的形式存在着。

乡村工作室在批判工业主义的基础上传授这样的建筑伦理：建筑师的工作就是在为社会发展服务过程中承担相应的责任，让施工建设成为经济杠杆，让建筑设计成为文化杠杆。如今，当人们在旅行中穿过"黑土地带"时就会发现，温德·贝瑞的指责都是正确的。在那里，城镇经济衰退的证据比比皆是，土地处于闲置状态，人们先是毁掉了这些地方，但又没有进行任何替代性的建设。尽管穷人们，无论是黑人还是白人，都生活在活动房屋里，但是这些房子的寿命还不如他们买房时所申请的"轻松信贷"（easy credit）的还款时间长，因此没有人会去维修那些"轻质结构"的住宅。这些房子有的建在了高速公路旁，有的则集中建在无人地带，分布在曾经的农田边缘。

通过改造居住环境来改造社会环境

工作室背后隐含的理念是：了解现实情况将会触发学生的动力，教授们可以把这个动力引导到项目上。在乡村工作室的运作上，莫克比遵循"三一律"[4] 的原则，以便得到更多的实践经验。同样的地点：位于黑尔郡的"黑土地带"核心区，由于 Walker Evans 和 James Agee 撰写的经济衰退报告[5]，这里至今仍然名声在外。同样的时间：在现场工作 6 个月，学生们要像当地居民一样生活在施工现场。同样的行为：从编制计划一直到施工建设，全权负责一个项目。

乡村工作室先是找到居住条件最差的住宅，再以此为课题让学生开展工作。学生们只能利用可行的手段来进行设计和建造。虽然乡村工作室也参与了资金的募集工作，但资金总是不足。莫克比通过直面贫困

[1] 一份关于增长的报告，该报告由罗马俱乐部（Club of Rome）在 1968 年委托 MIT 起草并于 1972 年以"增长的极限"（*The Limits to Growth*）为题进行了发表，由此引发了关于增长概念的国际讨论。

[2] 这一概念是由 William McDonough 在《从摇篮到摇篮——重塑我们做事的方法》（*Cradle to Cradle——Remaking the Way We Make Things*, 2002 年）一书中提出，他是一位建筑师及设计师，本书由他与 Michael Braungart 合著。

[3] 因土地的颜色而得名，黑土地带是土地非常肥沃的地区，以前曾是农场，从纽伯恩一直延伸到西阿拉巴马。

[4] 在古典主义时期，"三一律"原则统治着戏剧艺术。

[5] James Agee（文字）和 Walker Evans（摄影），《让我们现在来歌颂那些名人》（*Let Us Now Praise Famous Men*, 1936~1940 年）。

的方式来促使学生们去寻找适用的解决方法，而不是应用他们的学院派知识。乡村工作室要求学生与客户共同工作，而不是″为″他们工作，让学生同那些有改造需求而且有技能的业主一起工作。其余的″资产″用来建设一个由小村镇、紧密联系的社区和大量空间构成的网络。虽然经济条件处于最低水平，但是为了能够实施改建，学生们学会从积极的一面去看待事物。所有人都参与了项目的讨论，因为乡村工作室组织了一个多方的公众讨论，不仅有本地区的人参加，还有来自美国国内其他地方的人。1999 年，安德鲁·弗里尔加入了这个团队。作为伦敦英国建筑联盟学院的毕业生和伊利诺伊州大学的教授，他的加入是为了加强这个项目的教学力度，并且监督学位课程的开展。学生们和当地的住户一起开展设计、施工以及对材料进行回收利用等工作，并且设计出了带有巴洛克风格的构图。这件事仅仅是幻想一下就已经能够让人微笑，更何况那么多漂亮的大房子都已经建成了——而且它们中的一些只投入了极少的成本。相对于 2001 年乔治·布什所信奉的″富有同情心的保守主义″信条，乡村工作室以建筑作为手段和目的，提供了″自力更生的发展″。

我们也应当对乡村工作室的建筑激情给予关注。它的创始人、一位美国南方人，心里非常清楚地知道，在这个缺少城镇规划又无人监管法规实施的被遗忘的乡镇中，他将得到最大限度的操作自由。在学生与当地居民一起工作的过程中，当地居民的办法总是很有限，而学生们利用旧轮胎建起了墙，利用挡风玻璃做成了窗户；他们还在这个地区重新找到了深红色的黏土。发明创造克服了贫困所带来的困难。作为工业评论家，莫克比让学生们去扫荡工厂的废料堆。作为艺术家，莫克比倡导废物利用的艺术性，以此向活动房屋带来的文化灾难宣战。乡村工作室建造的住宅在施工过程中都考虑了与民间艺术的结合，这种融合也体现出 1968 年诞生于校园中的历史乐观主义。英国建筑师 Sarah Wigglesworth 从中看到了与批判性地方主义相反的定义：″乡村工作室并没有把这里当成现代建筑的大工地，而是把这里当成一个接触文化的基

本窗口，为了能让项目真正地为民间建筑作出贡献，他们颠覆了知识的层级关系。″[1]

″我们简朴的可持续性源自于必要性″

2001 年，当莫克比因白血病去世的时候，乡村工作室发生了巨大的变化。委托代理人安德鲁·弗里尔不得不去应对悲恸情绪和一段时期的不稳定。为了向莫克比致敬，他们组织了一个巡回展览。这让乡村工作室的理念变得具体了，因为他们的实践活动以前只是在媒体上铺天盖地出现并且还经常遭到歪曲。建筑杂志只发表那些漂亮的照片（学生们的工作室有着威尼斯小屋一般的解构主义气质），但却忽略了这些实践对于政治和文化的意义。关于生态的讨论目前正在大行其道，但这并不是乡村工作室被称为该领域先驱的确切″原因″。那么从工作室的教学实验中又得到了哪些经验教训呢？

安德鲁·弗里尔建议把这种乌托邦式的推动力转变为可持续的经济（有时候高品质的住宅看起来也会蓬头垢面，这是因为材料和组装施工都非常不耐久的缘故）。通过学生们的自愿投入，工作室的工作周期非正式地延长为两个学期，以便提升设计（力学教授和景观设计教授也加入进来，对项目提出了优化建议）和施工的品质。这位新领导同时也带来了欧洲在城市空间和公众行为方面的理念。除了改建房屋之外，修复社会关系、建设服务设施、恢复城镇活力也同样是非常必要的。随着口碑在当地流传开来，被当地人视为邻居的乡村工作室开始充任当地或是郡里的建筑师，负责设计和实施了众多市政设施、发掘了更多的耐久材料，并借此塑造出一种演变了的建筑风格。乡村工作室不再进行漫无目的的生态学研究。安德鲁·弗里尔将″可持续″和″发展″这两个词旗帜鲜明地联系在一起，因为对于这个州而言，由于它太过贫困，因此无法承担高科技和高成本的能源技术，必须找到其他方式的节能生态技术几乎是不言自明的。″我们简朴的可持续性源自于必要性。″[2] 于是，他们的工作方法也相应地发生了改变。所有的项目（从男孩女孩

[1] 安德鲁·弗里尔，引自贾娜·雷维丁的访谈节目，2008 年度全球可持续建筑奖。

[2] 同上。

俱乐部到 40 英亩公园，以及医院、动物收容所等等）都交给了由 4 名学生组成的团队，他们为此工作了 2 年时间。资金预算非常紧张。因此偶尔寻求企业的赞助也是很有必要的（这一事实可能看起来是对自主建设的一种伤害，但是在作者看来，这反而表明乡村工作室的行为已经对地方经济产生刺激作用了）。

纽伯恩消防站从选址开始正式启动了这个新的复兴计划。工作室说服了选民代表，让消防站回到了镇中心，以便更好地为公众生活提供服务。这个消防站坐落在小镇的主街上（每当废弃的房子被拆除后，荒草丛生的空地就会破坏掉这条街的连续性）。这个由木头和金属桁架构成的大房子于 2008 年落成，即便是放在贝拉尔福格也不会显得与环境格格不入，它被赋予了很高的建筑品质和美学效果，但是在建造技术上又非常特殊。它是利用小型构件施工建造的，2 米长的椽子或是条板不仅是很容易找到的材料，而且也很便宜。这个坚固、严谨的结构框架像是一套由小型构件组成的木制组装玩具，由学生团队组装而成。结构框架本身就是自己的脚手架。钢梁和拉索都是在工作室里进行焊接的。正如菲利普·萨米恩在本书中所说的那样，精致的构件组合和表面处理以及出色的造型都纷纷证明"研究水平是优化材料的关键所在"。对那些从没见识过乡村工作室早期高品质作品的来访者，安德鲁·弗里尔这样说道："我们可以给木头上漆而不必保留它们本来的样子。但是谁又能保证对它们进行很好的维护？我们建造的设施应当是耐久的，因为一旦它们的品质降低了，没有人能够找到维修的好方法，因此事情就会向另一个方向发展了。"[1] 对于住宅建设而言，需要参照另一个标准了。由联邦政府资助，美国农业部农村发展计划为最贫困的居民提供了 2 万美元以上的住房贷款补贴。最近，经审批通过的最便宜的住宅也要卖到 8 万美元。安德鲁·弗里尔正在为那些依靠福利生存的、最贫困的人们研究让他们能够买得起的住宅，只需花费 2 万美元。安德鲁·弗里尔让乡村工作室里的一个优秀学生小组来负责研究这个课题，每座住宅按照在劳动力上花费 1 万美元、在购买材料上花费另外 1 万美元的方案进行操作。首批建成的这种带有门廊的住宅是非常典型的范例：它们在美学方面放弃了"轮胎—地毯—广场"的风格，回到了"不对土地进行开挖"的简化处理上。所有的工作都从一个可以在现场装配的平台开始，而后根据场地坡度来确定它的安装位置，平台的高度可以利用 4 根或 6 根垂直立柱来调控。随后，在利用预制木桁架搭建结构体系之前，先安装厨房和卫生间的中央管网单元，最后是利用波形钢板进行外围护结构的施工；

这种波形钢板是在工作室里组装的。穿堂式的通风设计和两侧出挑的大屋顶缓解了炎热的侵袭。在这片土地上，次贷行业成为近来的风险，人们希望新兴的木工产业能够接手"2 万美元房屋"计划并让这个故事继续延续下去。

[1] 安德鲁·弗里尔，引自贾娜·雷维丁的访谈节目，2008 年度全球可持续建筑奖。

消防站和村镇大厅
纽伯恩，阿拉巴马，美国，2004年

委托人：纽伯恩市
建筑师：乡村工作室
学生团队：Will Brothers, Ellizabeth Ellington, Matt
Finley, Leia Price

在美国乡村，消防站不仅仅是一种实用的便利设施，甚至也不只是一个社区中心。在乡村，消防队是由志愿者组成的。消防队员向所有的当地居民讲授公共安全方面的课程，也因此逐渐灌输了齐心协力的观念。乡村工作室设计的这个项目关注了这一市民层面的问题，因为对于消防站而言，它不仅是一个停放消防车和存贮设备的地方，而且还要有教室、社区聚会场所，此外还要具备村镇大厅的功能。

这座消防站坐落在小镇的主要大街上，因此成了社区的聚会场所。从平面看，它是一个巨大的木构矩形棚子，内部为双柱框架结构。金属板屋顶采用了单坡造型，从而简化了屋顶承重结构体系。在沿街立面上，顶部延伸出一个巨大的悬挑。第一组由双柱构成的框架形成了巨大的入口，它与那些南方老房子上带有木质陶立克柱头的漂亮柱廊形成了有趣的对比。

首层是车库和用于储藏材料的辅助用房。教室和小会议室像夹层一样悬在棚子的半空位置上，在这层结构之上铺设了一层简易楼板。空间领域是通过木栏杆及其下方被刷成白色的、厚厚的地板界定出来。这个平台看起来仿佛飘在半空中，犹如一间树屋，当棚子在晚上亮起灯光时，人们很容易看到它。通过西南立面的室外楼梯可以到达这个夹层。

室内的灯光可以从一侧的墙面上透射出来，因为这片墙面是用固定在柱子上的半透明聚碳酸酯板做成的，为了避免日晒，还在它外侧安装了木格栅。立面的完整性被一个带有雨篷的大门打破。一到晚上，这个半透明的立面就会照亮建筑旁边的草地，而外墙的防护格栅层也会打开：这样一来，消防站就变成了社区中心，还可以把室内的桌子搬到外面的草地上去。北侧的外立面则采用了屋顶延续下来的饰面做法。这个非常宽敞的建筑完全是由现成的木料组装而成的——椽子、楼板以及当地居民平时买来建造和维修谷仓的那种小木板。

面朝缅因街的消防站。高大的门廊通过
走廊和木柱提升了这个旧种植园住宅群
的尺度。

建筑的细部处理得非常出色：注意那个由木头和钢所构成的框架，还有那个用钢板折叠而成的"Miller 楼梯"，其几何造型体现了高超的技艺。

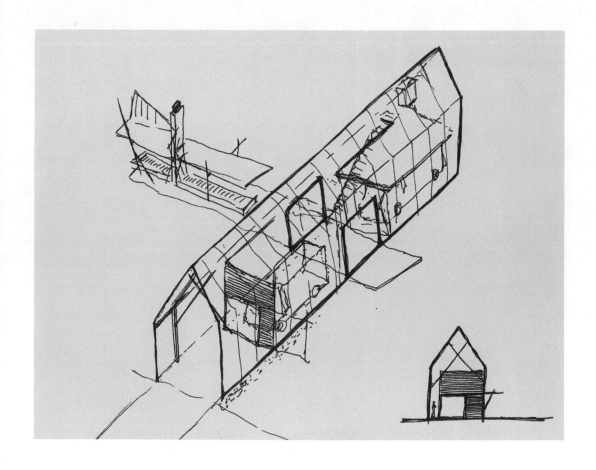

消防站室内。右侧半透明的外墙上开了
一个巨大的洞口。整栋建筑可以用来充
当这个小镇的村镇大厅。

对页上图：
纽伯恩的晚间聚会。半透明的墙被灯光
照亮，也同时照亮了广场，犹如一个巨
大的日本灯笼。

对页下图：
所有的门都被打开，方便人员流动。

阿克伦市男孩女孩俱乐部
阿克伦，阿拉巴马，美国，2006～2007年

委托人：阿克伦市
建筑师：乡村工作室
学生团队：Whitney Hall，John Marusich，Adam Pearce，
Daniel Wicke

　　这座俱乐部设有多个房间和一个带有顶盖的半幅篮球场。这座木结构建筑的内部容纳了多间教室和娱乐室。该建筑沿用地的纵深方向排布，而且很特别的一点是，建筑的山墙面向街道。在俱乐部的一侧是篮球场，场地上方覆盖着一个非常有气势的木制网架结构的屋面。

　　学生们为这座建筑组织了一个结构研讨会，他们在会上指出，应该设计一个由小规格木制构件组合成的结构体系。安德鲁·弗里尔的想法是，找到一种无需借助钢梁体系或是昂贵的钢屋顶结构就能成功覆盖大跨空间的结构体系。于是阿克伦团队对拱形网架展开了研究。该结构是采用螺栓固定并相互支撑和拼装成组的小木板所构成的网架，木板的边缘被切割成30°角，这样它们就能相互拼接在一起并利用螺栓锚固起来。这些木板随后又根据拱的外形再次进行了切割，形成由下向上长度逐渐变短的形式，这样一来，木板就可以根据拱的弧度来进行组装了。最终完成的拱顶像是从一座将入口设在角部的长条形房子上生长出来的。这个外观如马蹄铁形的拱顶通过倾斜的柱子固定在俱乐部的侧墙上，以此来获得支撑。粗糙的材料——小木板——再一次向人们证明，它们同样也能建造出复杂而优雅的作品。这是因为理念出色、细节设计到位以及施工执行到位的结果。

壮观的篮球场屋顶结构，通过螺栓与俱乐部连接在一起。

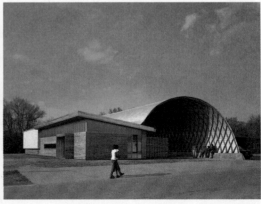

网架及螺栓细部。采用单一的螺栓连接
的方式将3块木板组合在一起，木板的
边缘被锯掉一些是为了便于拼装，在这
之后，木板在由下向上组装时逐渐变短，
由此拼出拱顶的弧度。

社区中心/玻璃教堂
梅森本德（MASON'S BEND），黑尔郡（HALE COUNTY）
阿拉巴马，美国，1999～2000年

委托人：梅森本德社区

建筑师：乡村工作室——学生团队：Forrest Fulton, Adam Gerndt, Dale Rush, and Jon Shumann

　　乡村工作室在梅森本德有很多项目，这个社区中心是一个由很多活动房屋组成的小村庄。少数农场工人的后代居住在这片位于农田边缘的、被遗忘的区域里。乡村工作室在这里建起了几栋住宅和一座有顶盖的聚会大厅，它同时也是一个祷告教堂，那些享受学校提供的免费午餐的孩子们也会来到这里，坐在顶棚下的阴凉地里吃饭。

　　教堂由夯土墙围合而成，墙体材料是红黏土和少量水泥的混合物。室内空间基本上是开敞和通透的，屋面则覆盖了金属板。在东北侧，利用一片高起的夯土墙形成了一道防护墙。在西南侧，一个巨大的屋顶从上方倾泻下来搭在夯土墙上。教堂的玻璃一面是利用汽车的前风挡玻璃做成的，这些玻璃来自通用汽车厂的仓库和一家废旧汽车商店。工作室采用铆钉和小垫片将这些弧形玻璃固定在细细的金属横梁上。它们一片压着一片，就像掀起的鱼鳞；利用空气在玻璃面之间的流动来给空间降温。每一片鱼鳞的角度都是经过精心设置的；它们可以取下来进行更换，甚至还可以使用各种不同的风挡玻璃，这是因为它有一个巧妙的垫片体系的缘故。正是由于技术细节和现场施工的高质量，才确保了这个与绿色技术手段同样复杂巧妙的、利用近似材料构成的、有自然通风玻璃面的建筑最终得以实现。

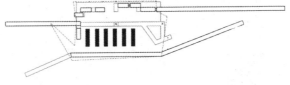

祷告室与教室的室内以及该房间的多榀框架。

教堂的外观，由低矮的红色黏土片墙和
玻璃棱柱体所形成的出色的构图。

左页图和右页图：
教堂总平面，可以从图中看见那些将建
筑固定在基地上的矮墙所形成的长长的
水平线条；巨型玻璃体结构的剖面图。

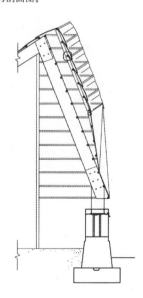

安提阿浸信会教堂
佩里县
阿拉巴马，美国，2001～2002年

委托人：安提阿浸信会
建筑师：乡村工作室——学生团队：
Gabe Michaud，Jared Fulton，Marion Mcelroy，Bill Nauck

佩里县西北部的安提阿浸信会教堂拥有一小群来自四个家族的信众。在这片林间空地上，他们曾经建造过一座小教堂。但由于这座教堂的地基不好，因此在学生们的帮助下已经拆除了。学生们从旧教堂拆下来的东西里保留了全部可以再次利用的材料。建筑的形式语言超越了"废物利用风格"，在这里，建筑形象是第一位的，其次才是构造施工的问题。教堂平面是矩形，从北侧的一堵新建挡土墙开始，顺着地势的坡度呈东西向布局。东侧的第一个体块是教堂的办公室，与教堂入口毗邻。第二个体块里是祷告室。这两个体块以略微错开的方式拼接在一起，由此可在室内形成一道垂直的光带。两个体块构成了一个多面体，坐落在一个向下坡的场地上，上面覆盖着屋面，好像蝴蝶翅膀一般。在祷告室里，天花板是从东向西逐渐升高的，西边是圣坛和洗礼池。在它们后方的西墙上开设了一个竖向的凸窗，光线由此倾泻进来。在基础墙的上方另外开设了一条通长的水平凸窗，从这里可以看到旧墓园的萋萋青草。

教堂的两个体块都是木造的。在室内，屋顶的抬升是利用旧钢梁和木支撑组成的框架来实现的。墙面利用废旧木板来装饰。这个教堂的外墙饰面采用了老教堂的墙板。外墙清晰的线条突出了这座建筑外形的雕塑感。灰色板材的收边与浅色的木造体块相映成趣。

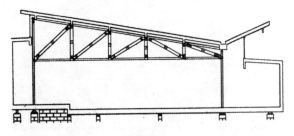

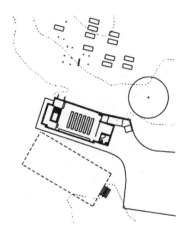

教堂的纵剖面和总平面图。从总平面图
上可以看到老教堂的原址，现在只保留
了一组踏步。在几米之外的新基地上修
建新教堂之前，屋顶及框架的材料都存
放在这里。

教堂照片——信徒们的入口和教堂内
景。在右侧，水平的大窗可以让人们看
到社区的旧墓园。

菲利普·萨米恩

布鲁塞尔，
比利时

"无论从什么高度看，结构体系都会充满着令人惊叹的诗意。"

比利时瓦隆尼亚地区（Wallonia）种
子银行的新实验室，位于阿登森林
（Ardennes Forest）的中部。由双曲木
结构框架和钢化玻璃构成的屋盖。

菲利普·萨米恩 1948 年生于比利时，是一名建筑师及工程师，1978 年他在布鲁塞尔成立了自己的公司。如今，他的公司设计了为数众多的作品，其中的一些可以清晰地追溯到生态理念觉醒之初。他的这类作品表明：他是一位致力于追求"形式、功能和技术平衡"[1] 的理性设计师，是一位擅长设计大尺度项目的建筑师，是一位热衷于材料科学的工程师。最后的这个特点为他在大学里赢得了建筑技术学教授这个稳定的职业。

这家颇有名气的公司成立于"国际式"大行其道、设计理念统一的黄金年代，但在过去 10 年左右的时间里，它遵照其创始人的意愿，决定去探索可持续经济的新领域。我们从萨米恩的理论研究和近期作品中可以得知，他决定把自己的专家信誉投入到可持续建筑的研讨中。毫无疑问，这个决定来自于个人信仰和伦理信仰；这个决定也受到了他本人所拥有的古典建筑知识的影响，这一点跟佩雷（Perret）或是埃菲尔（Eiffel）的喜好多少有些相似，他们两位就非常关注正确使用材料的问题，要想成为大师，首先应该成为一个理性主义者；作出这一决定的还有一个原因，因为这一艺术视角与我们时代的关注点有所共鸣。

诚然，伴随着那个时代所具有的极大的必然性和确定性，工程师萨米恩在"辉煌的三十年"（Les Trente Glorieuses）[2] 中建立了自己的事业，但是他从未忘记，19 世纪的结构创新在让设计手法与设计表现摆脱束缚的方面所取得的成就。当随之而来的石油危机中断了后现代"飘摇的 80 年代"之时，他就已经清楚地知道，资源危机将会让原来的技术成果与实践不再适用，此外还会对 20 世纪不时出现的过度奢侈的技术提出质疑；相反，在对待草率出现的替代品——能源唯科学主义及新绿色功能主义的问题上，他也表现得相当谨慎。作为建筑师，菲利普·萨米恩还想告诉当今的人们，解决建筑问题和解决数学问题是不一样的，他希望我们能够思考一下合理性在当代的新定义。因此，在欧洲的可持续建筑界，菲利普·萨米恩制造了热点并引发了持久的争论，作为一名建筑师和工程师，他认识到了生态问题的重要性并把自己的知识应用到这个领域之中。

菲利普·萨米恩在众多领域的争论中树立了自己的威信。凭借着他所接受的系统训练，他在 1971 年进入了比利时国家高等建筑艺术视觉学院学习，同年，他完成了土木工程专业的学业。随后在 1973 年，他获得了麻省理工学院土木工程专业工学硕士学位。回到布鲁塞尔之后，他还接受了城市规划方面的培训，随后在设计公司谋职的同时，他还攻读着建筑

学学位——直到 1985 年才最终获得。在这之前，他成立了自己的公司。公司成立后不久，他又抽空继续了学业，并于 1999 年获得了应用科学的博士学位。

从功效到高效

凭借 20 年来操作大型国际项目的经验，菲利普·萨米恩非常清楚 20 世纪讲求的是实用功效。现如今，材料变得越来越稀缺，他在《世纪末》（fin de siècle）一书中作出了如下评论，"结构变得越来越重，起初是由于工业化，之后是由于信息技术。"[3] 20 世纪 80 年代，人们对坚固性的追求甚于节约用材，大批让人震撼的或是高耸的建筑结构消耗了大量的钢材和混凝土。在当时，这种挥霍无度并没有让任何人感到不安，相反，它甚至还具有推动市场的优点。此外，设计领域的从众趋势让工程师丧失了动力，不想像奈尔维（Nervi）或普鲁威当年那样，通过用材计算来优化项目。在众多计算软件所带来的安逸中，工程业昏昏欲睡，而后纷纷臆断"减少用材会导致成本提高，因为需要做更多的技术研发工作"。[4]

但是现在，伴随着材料越来越稀缺以及建筑业发展减速等问题的出现，菲利普·萨米恩认为，如今有必要重新思考一下如何去设计项目，特别是对其传记作家 Pierre Puttemans 所说的"要对材料的'使命'给予重新定义，换句话说，就是合理地利用它们的机械性能、物理性能和化学性能。"萨米恩利用他所说的高效（efficiency）来替代人们对功效（efficacy）的高成本崇拜。为了发明更轻巧的结构，这位工程师拒绝使用"全包办式"（turnkey）的计算软件，而是回归分析几何，并发

[1] Pierre Puttemans，《菲利普·萨米恩——一位建筑师及工程师·建筑物》（Philippe Samyn-Architect and Engineer. Constructions），布鲁塞尔 Fonds Mercator 出版社，2008 年。
[2] "辉煌的三十年"是指第二次世界大战结束后的 1945~1975 年间，1973 年石油危机对经济所造成的影响直到 1975 年才体现出来。
[3] 菲利普·萨米恩，在全球可持续建筑奖颁奖会上的讲话，建筑与文化遗产之城，巴黎，2008 年 3 月 3 日。
[4] 同上。

明了"用量指示器"这种方法，以便从另一个角度来实现对材料的管控。

正因为如此，在当年的设计竞赛中，建成于2007年的鲁汶火车站的新天篷比其他参赛方案少用了4倍的钢材，但是它们的整体效果却依旧非常出色而且熠熠生辉。菲利普·萨米恩最终胜出的这个月台加建天篷项目——是邻里社区的城市改造计划中的一部分，它的建设是与高速列车（TGV）的开通直接相关的。在现有火车站的后面加建一个天篷，并在月台的上方修建一座通向社区的天桥等等，所有这些举措都被看作是整个计划的序曲，它们将给城中心的老社区带来活力。从该项目的平面来看，这是一个高水平、高度集成的结构：四条月台上覆盖着16把"伞"，伞的形态为双曲抛物面，其重量由巨大的钢拱承担，再由钢拱把受力传至拱脚相交的节点上，而这些节点则由四个一组的钢柱来支撑。在月台与月台之间，两个钢拱之间的缝隙处安装了玻璃天窗，从而让月台有了明亮的光线。这个作品明显采用了减轻结构重量的措施：钢拱梁采用了穿孔钢板，4个一组的柱子是钢制的而不是沉重的混凝土材料，这个结构体系不是立在建筑基础上，而是直接立在钢板上的。

当人们参观这座火车站的时候会发现，这个像盎格鲁—撒克逊彩色玻璃窗似的巨大灵活结构以及它上部的高性能钢结构和井形构件，竟然完全是由简单的、基本的工业产品例如钢条、钢柱、T形或U形钢梁制成的，这真是让人惊叹。分布在结构体系中的全部拉力，都集中在这些简单材料组装的节点上，无论是铆接节点还是焊接节点。也许，这是在向比利时的钢铁工业致敬，钢材全部来自比利时当地，钢条都是在离鲁汶很近的地方生产的。不过，施工的简便性以及务实地采用经济、可靠的技术的理念，已经在居斯塔夫·埃菲尔的高架桥和让·普鲁威的钢折板柱廊中得到了体现。这座火车站有着类似纺织品一样延展的外观，这样的效果有助于弱化整个结构的重量感，因为这些拱顶看起来似乎并不沉重，仿佛是由空气"托举"着一般。研究建筑效能也是为了将"建筑的使用与耐久性更好地联系起来"，因为在当今这个时代，还没等到建筑损坏，它的功能可能就已经发生了改变。菲利普·萨米恩相信，与其追求建筑的高功效，还不如让建筑首先提供"基本的便利"（这是一个对可持续而言非常有趣的定义）。1997年，他在比利时建成了一座种子银行，里面是实验室和贮藏种子的地方。这些低成本的房屋位于一个由木结构支撑的巨大玻璃外壳下面。这个耐久的大家伙将来还可以容纳其他功能的用房，无论是在资源利用还是在管理方面，都让人感到舒适和经济。

菲利普·萨米恩已然是21世纪"新效能"的批判者。他向风力涡轮机宣战，因为这种产品的成功是建立在短视到无法修正的生态计算基础上。"只需计算一下用来运输这些庞然大物所消耗的能量，以及充填在它们的基础和底座中的混凝土的用量就知道了。"[1]他曾发明了一台轻型拉索风力涡轮机，采用非常轻便和容易运输的构件组成，利用设备自带的钢索就能将其搭建起来，犹如马戏团的大帐篷。这个例子体现了萨米恩的历史乐观主义，他在这方面和斯特凡·贝尼施十分相像：我们所处的世纪是一个资源削减的世纪，是一个知识型社会的世纪，是一个智力资源史无前例发达的世纪，是一个讲求科学方法的世纪。建筑必须紧扣这一点，才能以全新的形象展示自己。

[1] 菲利普·萨米恩，在全球可持续建筑奖颁奖会上的讲话，建筑与文化遗产之城，巴黎，2008年3月3日。

火车站顶篷加建工程
鲁汶，比利时，1999～2006年

委托人：比利时国家铁路公司
建筑师：菲利普·萨米恩
结构工程师：萨米恩事务所，Setesco公司
总占地面积：14622m²

菲利普·萨米恩是在负责鲁汶火车站周边社区环境改造的时候接手这个项目的，这次的环境改造是因为TGV（高速列车）而引发的。就像欧洲经常会遇到的情况一样，这座火车站也是在上个世纪修建的，当时车站还位于城市的郊区，朝向市中心的一侧是古典主义风格的立面，月台和铁路则藏在建筑的后方。后来，这些铁轨在鲁汶市与凯瑟尔洛（Kessel-lo）后来形成的工人阶级社区之间形成了一道难以逾越的鸿沟。火车站周边社区的改造打算配合新建的建筑和广场，在铁轨上方形成一个连接体，用以弥合这道隔阂，借此把城市和它的近郊联系起来。

月台顶篷的设计竞赛包含了对城市改造的这部分要求。加建顶篷计划希望能在翻新后的老火车站的背后，通过建造一个现代的、开放的立面以及增加一座连接天桥等措施，重新树立面向凯瑟尔洛社区一侧的城市形象，让这一侧不再成为火车站的"后身"。2000年，菲利普·萨米恩在这个竞赛中胜出，其中一个原因特别值得一提，因为它揭示了新世纪之初很有吸引力的发展准则：他所设计的建筑结构以及顶篷预计需要消耗的用钢量，比竞争对手的方案少了4倍。

菲利普·萨米恩通过巧妙地把技术方案和简单材料结合起来的方法，实现了这个非同寻常的轻型结构，这些材料还可以通过它们的装配体系显得更加轻盈。4条月台上为旅客们提供遮蔽的金属"伞"由5列×5组柱子所支撑，每组柱子都由4根空心钢管组成，钢管在顶部集结成一个节点，并与顶篷相连。这些由钢管和钢板制成的支撑点有多种功能：它们承担了拱顶的荷载并将屋顶支撑起来；它们可以收集雨水；电缆走在管腔之中，甚至电力机柜都藏在了由它们组成的集束柱之间。

每个月台上方的顶子都是由4节连在一起的顶篷"列车"构成的。这些顶篷夹在20根双曲抛物线的钢管之间，看起来就像是在19世纪用平钢板组装起来的样子。这些"麦卡诺"组合玩具的组装原则非常简单，因此才有可能得到这样一个开放型的结构。在每个顶篷之间，连接两段拱的横梁将侧力传递到水平方向。在屋顶两端，用铝板各伸出一个钢"鼻子"，这样可以减少强风的作用力，这和高速列车两端的类似装置具有同样的作用。

月台顶篷的组织构造是由铝板沿着一个弧度排列而成的，不仅是简单地出于受力的考虑，而是将其设计成有点像球茎的样子。通过这种方式，让天篷看起来不像是沉重地压在柱子上的拱顶，而更像是被柱子抓住的气球，因为这座建筑强调的是轻盈的感觉。面向凯瑟尔洛一侧的立面是一面大玻璃墙，它从拱券和抗风支撑上悬吊下来，铁轨上方的人行天桥从它的上部穿过，将邻里社区联系起来。

人们在参观这座车站的时候，会因为它极其简洁的构造而深感震撼。这是因为功能布局的清晰以及结构组织的明了，所有这些都交代得非常清楚，绝不模棱两可。这种天篷以往经常用在更大跨度的结构上。从地面上看，几乎可以无视那些"全能"的柱子，因为它们一点都不显得笨重。这座建筑实实在在是属于这个世纪的，但是所有的事情都是相对的，参观者更容易联想起埃菲尔铁塔，而不会把它看作是20世纪晚期各种高技派技术大胆行动的变体。当人们靠近观看装配节点和双拱的时候，这种反差仍未消失：实现简洁的效果需要在计算和设计方面具有极高的开创性。交叉节点和拱券都是用普通的材料制成，但它们的装配却需要一丝不苟的构思和设计，并谨慎地给予执行。必须注意的是，菲利普·萨米恩的建筑将两种建筑技艺结合到了一起：计算与结构的艺术（也就是分属于建筑师和工程师的技艺）以及执行的艺术（即金属加工工人的技艺）。工人们明白，在这个施工工地上，尽管材料很简单，但是它的变化却很复杂，这是一个应用和展示他们技艺的绝好机会。

新顶篷下的火车月台。可以看到由四
根管子组成的组柱、露天的承重拱券
结构以及铝制天篷和透空部分的交替
变化。

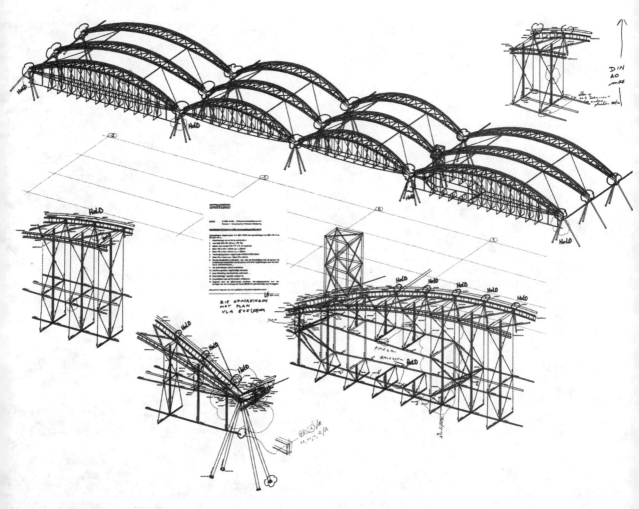

结构示意图，工作草案。

顶篷构成的四列"火车"的鸟瞰及总平
面图。顶篷尽端是钢制的"鼻子"。

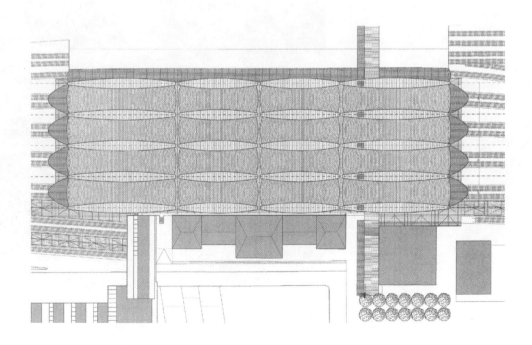

在火车站新顶篷下的活动。请注意那些极细的可见结构构件，它们做了透空、减重和"简化"处理，以便于光线和旅客的流动。

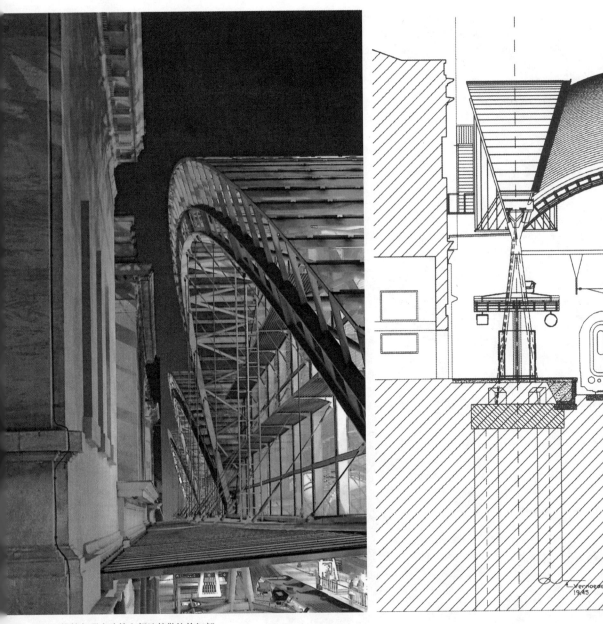

檐篷与现有建筑之间连接做法的细部。

鲁汶的铁路新景观。

消防站
豪滕商务区，
豪滕，荷兰
1998～2000年

委托人：豪滕市，荷兰
建筑师和工程师：菲利普 · 萨米恩

　　在这样一个先有防护海堤、后建社区的乡村里，豪滕新城的消防站是一个技术功能（6辆救火车，4名消防员及其装备）和民用功能（管理志愿者，培训年轻人）兼具的建筑设施。

　　消防站坐落在一个设计出色的公园里，公园显得郁郁葱葱但并非到处都是植物。在这里，菲利普·萨米恩设计了一个简洁的透明体；在室内，他坚持了自己对材料效果的一贯追求。为此，他经常让外围护与内容脱离开来。只有借助这种方式，才有可能让外围护更加流畅和轻盈，才能由此回归建筑遮风避雨的原型；也才有可能把内部设计得更加简洁，因为室内从"支撑屋顶"的工作中被解放出来。这个抛物线形的篷顶由7榀钢梁组成的拱券支撑。北侧立面是封闭的，南侧是玻璃面并且安装了光伏发电板。在建筑的内部，有一面巨大的墙体沿纵深方向将空间一分为二。建筑的南侧，在玻璃面的下方是给消防车做准备工作使用的大厅，消防车就停放在框架之间正对出口的位置上。北面，在拱顶下方的服务区内共设有4间彼此分开的、用砖墙砌筑的库房。拱的两侧山墙则一半是实墙面一半是玻璃面，结构框架采用了中空钢管。

　　菲利普·萨米恩想出了一个好点子，他与社区学校取得了联系，让孩子们在消防站墙面的饰面砖上画上漂亮的图画。当这些饰面砖被拼贴在一起时，室内墙面上就形成了一幅非常出彩的壁画，它已经成为一件城市艺术作品。

从车库一侧看消防站。人们可以看到屋面上布置的光电板。

简化车库的操作工序。消防车就在它们
的停车位上进行维护和装备。

门洞细节。

右页：从车库看办公室位于室内一侧的
立面，墙面是由孩子们合作完成的一幅
壁画。

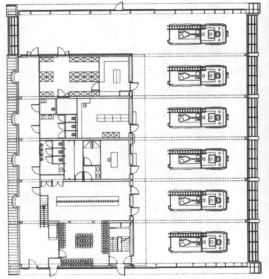

卡琳 · 斯玛茨

开普敦，

南非

"可持续是关于人的。"

位于卡鲁沙漠中兰斯堡集镇上的 Dawid
Klaaste 多功能中心（见第 164 页）。

从 1989 年开始，建筑师卡琳·斯玛茨就只在一个地区，为一个委托人工作：南非有色人种居住区的居民，她处理建筑的方法以精准为要。如果说白人的非洲城市隶属于西方建筑文化，那么，非洲的黑人城镇直到如今还没能出现在同一个舞台上。这种状况再加上第三世界国家的实际情况，致使在生态危机之前，只有非洲民间建筑以及殖民地、后殖民地建筑才为人所知。西方评论家有时候可能只对后者感兴趣，但这并不能说明他们很愿意去调查研究这半个世界。在那里，建筑文化的命运还没有终结。生态的紧迫性已经改变了人们对南半球的看法，因为它的都市化相当大程度上增加了能源消耗和污染，包括水源污染，以及这些污染在世界范围内所占的比例。生态建筑的存在使得对生态问题的讨论有了意义，建筑评论家们正以全新的眼光审视第三世界，寻求可以树立为标杆的建筑师。

黑人城镇

对此，有很多可行的方法，首先是推广欧洲模式的可持续建筑。但是在尖端科技的竞争中，欧洲会把自己封锁在一个模式里，让偏远的南半球无从模仿，因为这种模式不仅耗资巨大，而且最重要的是，它也并不适用。第二个途径，则是寻找那些把自己融入"自主发展经济"的建筑师。

卡琳·斯玛茨在黑人城镇工作，那里的居民被排斥在发展之外，已经失去了他们的本土文化。她是在实践可持续建筑吗？她给出了肯定的回答，并且解释了她的做法："我们在学校里学到了'经济性'和'有节制地利用资源'的含义。这是建筑必须遵循的伦理！但是如果要在黑人城镇建造房子，就必须让当地人提出自己的需求，并制订出计划，而且还要知道怎样去执行它。我的实践告诉我，除非人们已经拿回了对自由的控制权，否则前面说的这些是不可能实现的。我只把建筑看作是一种手段，让男人女人能重新掌控自己。"

"我们的可持续是关于人的"

卡琳的工作源自于过去 10 年的种族隔离政策。随着最后的种族隔离法被取缔，种族隔离已经于 1989 年走向终结。同年，她成立了自己的公司。卡琳出生在一个政治家和知识分子的家庭（她的叔父 Jan Christiaan Smuts 是整体思维观的创立者之一），于是，这位年轻的建筑师打算参与到将来改造黑人城镇的决策中去。

1982 年，卡琳·斯玛茨开始投身这一事业，当时她还是个学生。教授安排她去参与一个项目，"8 名年轻的黑

人来到大学寻求帮助，他们想在开普敦的 21 区，他们自己的城镇里成立一所学校。这些居民已经买下了那块土地，但是不知道接下来该怎么做。这个项目持续了 5 年时间，从中我学到了很多东西。首先，我知道了欧洲的建筑文化对我没有什么帮助。我还发现非政府组织只给那些符合他们观念的项目投资。他们从来都不去社区问问那些人们都需要什么，只是自顾自地评估和判断需求所在。我接触的非政府组织都是真正想给钱的——其中一家投资建设了日间托儿中心，另一家投资建设了工作室。我们想要建立一所学校。"从那时候起，CS 事务所就开始为黑人社区工作。他们的业绩令人称道：在不同的地方建成了大大小小超过100 个项目。人们可能想知道，这样的一个小事务所是怎样在这么短的时间里做了这么多的项目？卡琳·斯玛茨还是建筑师吗？答案是肯定的，只是采用了另外一种模式，是她利用全部实践知识所创造出的模式："在这个国家里，没有城市规划机构去监督黑人城镇的规划，也没有设立为他们的需求或管理服务的公共事业机构，因此，建筑师需要在方方面面代替公共决策。"与其说 CS 事务所是致力于可持续建筑，还不如说他们是以建筑为手段，致力于可持续发展。如果用穆罕默德·尤努斯（穆罕默德·尤努斯，Muhammad Yunus，2006 年诺贝尔和平奖得主，孟加拉经济学家，他创建的孟加拉乡村银行 Grameen Bank 以推行贫困农户小额贷款的成功模式而著称，被视为利用小额贷款向贫困宣战的最具象征性与号召力的人物。——译者注）的小额贷款来形容这个项目，那么它可以被称为"微型可持续发展"，不仅需要方法，也需要组织。

"鼓励自主建设"

CS 事务所的业务范围很广泛：建筑、城市规划、景观设计、项目管理支持、可行性研究以及资金筹集等等。他们的团队负责建设生活福利设施、住宅和公共建筑。项目的可实施化在他们的工作中占据很大一部分比重。尽管最终成果只是一个建筑作品，但 CS 事务所在此之前将长时期参与其中，和当地居民一起工作，以便帮助项目"成熟"起来。"人们知道怎样去界定自己的需求，但却不知道该怎样在项目中予以体现。因此，在做所有的设计之前，我们都会花很长时间来倾听——甚至有可能是两年——以便能够充分理解项目。"接下来，卡琳·斯玛茨就开始做研究，

对设计的风格给予特别的关注。她把对黑人城镇扎实的知识与——可能仅此一回——经典的工程实践结合起来。当黑人城市的拆迁改造致使黑人居民失去自己文化的时候，他们创造出了一种城市的反文化。斯玛茨对此进行了研究。"我了解到，这些'夹缝中'的空间几乎是他们生活的全部空间。生活空间非常狭小，没有生活福利设施，因此所有的社会生活都在街道上发生。为此，居民们几乎是'无中生有'地创造出很小的公共空间，也就是我经常研究的'空隙'，以此找到方案的组织方法……我们的项目规模都很小。即便像占地 800m² 的 Guga S'thebe 那样的大型项目，也不过就是开普敦中产阶级住宅的规模。我们不得不扩展这个区域，让它变成一个小城镇，在房屋之间设有结合部，将'夹缝中'的空间提供给居民们用作公共空间。"这个方案是我们与使用者共同合作设计出来的，"他们没有学习建筑的需求……但是他们具有一种创造力，我希望把它释放出来。我认为一旦项目得以建成，它不应该是强制实现了某种目的，而是提供一个基础设施，让当地居民能够接管过去。"事实上，她的事务所经常做类似自主空间集成设计的项目，把各种功能集中在一个能够承载和分配负担的建筑中。建筑装修通常都是由居民自己完成，他们知道怎样利用瓦刀和刷子来操作。

建筑师退到幕后，可以被解释成由于缺乏当地建筑文化的共同基础：不具备这些资源，但又不想以生硬的方式灌输西方建筑文化，所以卡琳·斯玛茨在装修阶段将干预降到了最低限度，她喜欢在这个过程中把自我发展的挑战变成更为深远的目标。不管人们看到的是 Guga S'thebe 文化中心大厅顶上的那个巨大的金色圆锥，还是 Gugulethu 中央肉食市场高耸的屋顶结构，这些简单的建筑都同样包含着强烈的语言："人们不关心建筑，但建筑却变成了欢乐的元素！我们在这个过程中把它利用起来。"这一战略在这个过程中进一步得以延续。"社区中心或是学校的建设都是经与居民讨论决定的，他们还将参与到后续的建设过程中。施工队不应该是外来的，我发现的最好方式，就是在方圆 2 公里范围内招募工人，只不过黑人城镇的居民们从来没有接受过建筑培训。我和承包商交涉，在现场建立例如石作培训这样的作坊，需要使用适当的技术。"CS 事务所的存在是一个长期的事实，建筑师仍然是"微发展"方面的专家，并因为以下观点而不断得到提升："人们总是需要依靠我们的帮助，也就是说，当这些建筑设施遇到问题或者需要扩建的时候，只要他们提出要求，我就会回到现场，'注入'一个理念或者帮助建造，但前提是人们要自己来达成结果。"

"只有适合的建筑才是可持续的"

微发展过程顺理成章地引出了对建筑形式的选择。当预算很少的时候，选择就会变得非常重要：在预算之内可以买什么材料？能在 30 公里的范围内找到这种材料吗？人们知道怎么使用它们吗？卡琳·斯玛茨利用一个公式来总结她的方法："本地化 = 材料 + 细部 + 劳动力。"纵观这些项目，卡琳·斯玛茨喜欢使用砖这种材料，因为它便宜、充足、可行、维护得起、能够循环使用，而且还好看。她利用砖实现的"可持续建筑体系"肯定是世界上最便宜的：双层墙中间留出一条窄缝供空气流通，并在墙上开设洞口来进行通风。外墙要能够防水，而内墙可不作处理就直接交给使用者，他们自己会抹灰或者刷漆。金属薄板的使用是从黑人城镇中学来的。"波纹铁板是黑人城镇必不可少的建筑材料，屋顶工艺是居民们唯一已经掌握而我们不可能发明出来的解决方法。我从他们那儿'偷'学了来，又还给了他们！"

"这就是我为什么要强化他们创作权的原因"

卡琳·斯玛茨还从黑人居民那里"偷"来了色彩，她在建筑上使用了非常明快的色调。这不是美化黑人城镇的问题，而是注意到了与之相伴的经济性的问题："当地居民采用很多种颜色，这让低廉的建筑材料看起来显得高档一些，于是我也这么做。当公共建筑和学校的预算中没钱用于绿化和维护花园的时候，我同样使用色彩来解决这个问题。"与建筑形式相比，卡琳·斯玛茨显然更关心如何把设计的各个不同部分组织起来以及它的施工过程，因为过程本身就产生了自己的美学。她并没有去控制这种美学，但它却在一个接一个的项目中延续了下来。卡琳·斯玛茨是在用过去的 20 年来打造"工作模式"吗？这个词会让人联想到"完善的"形式。但是斯玛茨的建筑从来就不像是彻底完工的；相反，它们时常会发生改变。

卡琳·斯玛茨的建筑不遮不掩——它不隐藏材料的朴素，反而门户洞开。她建造的大批多功能中心自身就具备了有趣的理念。"多功能"这个有几分含混的名词让 CS 事务所忘却了来自西方的功能主义——学校只能是学校，运动场只能给运动员专用；取而代之的是，事务所设计和建造的场所是没有定义的、是灵活的、可扩展的，是包含发展空间的而不是循规蹈矩的。卡琳·斯玛茨的项目所产生出的文化能量要多于项目在材料上所消耗掉的能量。如果把她的工作设立为榜样，那是在于她对待建筑的方式，她把建筑视为一种手段而不是结果。

DAWID KLAASTE中心
兰斯堡，卡鲁，
南非，2002~2005年

委托人：兰斯堡镇
建筑师：卡琳·斯玛茨

卡鲁位于南非的偏远地区，是沿着南非高原延伸开来的一片广袤的半沙漠区域。兰斯堡小镇距开普敦280公里，是位于开普敦到比勒陀利亚的东西大轴线上的一处休息站。这座小镇建于18世纪，是一处能让旅行者落脚并选购新鲜产品的花园集市（market-garden area）。最近，在这座农业绿洲中发现了一块广翅鲎（海蝎子）的化石，它的历史足可以追溯到这个国家还处在海底的时候。很快，这块化石就在当地被以讹传讹变成了一只"巨型蟋蟀"。

为更好地提供社会服务，支持创业，兰斯堡市政当局想建造一座多功能中心，为人们提供办公场所和工作室。首先，来自社区、镇议会和地区代表组成的项目管委员会选中了这块地。这里曾是一个黑人社区的橄榄球场，后来被两座金属飞机库和一架大风车所占据。卡琳·斯玛茨提议将它们变成一个具有吸引力的群体形象。大家在集体讨论的时候提出了形形色色的主题，诸如丰富的本地环境、对1981年大洪水的纪念、"巨型蟋蟀"、甚至是风车与火车曾在历史上共同扮演的角色，还有对卡鲁的美好设想，等等。在讨论过程中，方案的设计理念逐渐成熟起来。此外，卡琳·斯玛茨还听说在兰斯堡能找到非常好的铁匠。

这个方案通过一条新建的混凝土大坡道组织起来，坡道经由风车直通二层。到达二层平台之后，到访者会看到由一节老式货车车厢改造成的餐馆，而后就进入一条走廊，它一直通向飞机库和西立面上加建出来的盥洗室。南侧的飞机库改成一个巨大的公共会堂，可以在这里举办聚会和表演，而北侧的飞机库则分成上下两层，用作社会服务办公和创业基地。

两座飞机库被修缮一新。屋顶重新铺了金属板并压低了高度，这样就能做出一个挑檐来给一层遮阳。旧的屋面板也得到了二次利用，它们变成了走廊和上层办公室的外墙面。整个中心被涂上了明亮的红漆，以纪念在1981年大洪水中的罹难者。诗人Diane Ferriss为此写了一篇时下炙手可热的新作，她把爆发的洪水比作了愤怒的公牛。Willie Bester和他的学徒们则利用铁艺对两座飞机库进行了装饰改造，走廊和建筑扶梯是利用回收的废弃农具，按巴洛克风格组装起来的。

显而易见，不管把它看作是向铁路时代致敬，还是一只支起身子长着厚甲利角的巨蜥，这座沙漠中的建筑都非常醒目。单就它形象的喻义而言就值得大加评论。在现今的欧洲，建筑通常是抽象的。但在南半球，建筑却仍然在社会中扮演着形象化的角色。建筑师卡琳·斯玛茨坚持使用象征手法，因为它在专业训练和可识别性方面仍然具有非常重要的作用。

中心的全景和总平面图，风车是它的
标志。

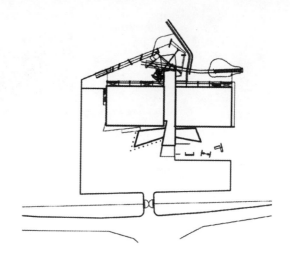

左图及上图：
中心外观。

下图：
中心立面，入口大坡道一侧的立面及服
务区一侧的立面。

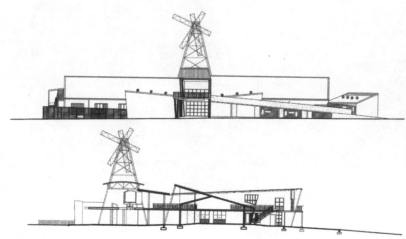

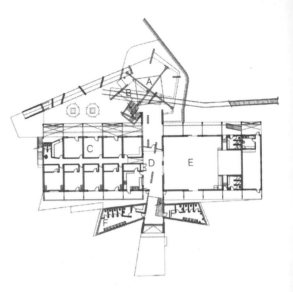

上图：
艺术家 Willie Bester 制作的中心的"模型"。

右图：
中心平面图：风车（A）和餐厅／货车厢（B），办公室和工作室（C），村镇大厅（E），以及卫生间（F）。

下图：
设在风车里的货车餐厅。

办公室和餐厅之间的内廊。

GUGA S'THEBE——艺术、文化和遗产村落
开普敦，南非
1996～1999年

建筑师：卡琳·斯玛茨
占地面积：800m^2
工程造价：3.5亿兰特（30万欧元）

在 Guga S'thebe 村的这个小世界里设有一座会堂、一些实用美术工作室、一间小商店和一家餐馆。它是利用开普敦一栋住宅的预算来完成的，通过朴素建造的方式确保了这个冒险工程的实现：没有土方的开挖、很少量的服务空间、砖墙、单坡屋顶等等。卡琳·斯玛茨和她的设计代表努力将每一种功能都对应地放入最多只有两层高的多个简单的方盒子里，充分地将每一平方米的面积都利用起来。这些方盒子围绕着一个内庭院（圆形露天剧场），以竞技场的形态进行布局，同时还能给庭院遮阴。在方案的外围墙之内，有一条直通巨大的中央会堂的走廊。走廊下层有一间出售工作室作品的小商店，沿着下层走廊可以直达会堂和圆形剧场的后排座位；上层走廊则通向会堂的室内楼座和圆形剧场外面的露台。方盒子组织在场地外围，这样就能很好地把那些使用频率非常高的小型公共广场保护起来，让空间得以拓展：小商店的门开向中庭，音乐家们在餐馆前表演，手工作坊也面向庭院开放。在彻底征得建筑师的同意后，陶艺家、画家和雕刻家们承担了墙面和地面的设计工作。来访者如果要想在贫民窟中找到 Guga S'thebe，不妨先找到开普敦核电站的那个巨大的混凝土圆锥体。在那里，他或她就会看到 Guga S'thebe 会堂的那个已经成为社区象征的金色圆锥。

左图：
通向中心区及露天圆形剧场主席台的大门。

右图：
沿街入口。右侧是表演大厅的金色锥体。

外观。

WESBANK小学
WESBANK，南非
1999～2002年

委托人：Kuilsrivier 镇
建筑师：卡琳 · 斯玛茨

　　这所藏身于贫民窟中的学校为学生们提供了空间和安全上的保护。教室和办公室设置在庭院周围散布的小建筑里。这些小建筑通过一座有顶的两层高的连廊组织和联系起来，连廊薄薄的混凝土楼板由立柱支撑。这种组织方式给这里的学生们提供了保护。校园内部的庭院着实让人感觉耳目一新，这是一个与周围贫民窟形象全然不同的公共空间，孩子们可以在这里安全地玩耍。

　　建筑采用双层砖墙建造，屋面及遮阳处理采用了铁质瓦楞板。环绕庭院的连廊不时被一些混凝土墙体所打断，这些墙体对应着两栋建筑之间的疏散门及楼梯间。出于总体考虑，卡琳·斯玛茨放弃了种树的想法，因为树木不但成本太高，而且还会经常因为缺乏照料而枯萎。她用垂直的混凝土墙体代替了树，墙体本身很有雕塑感，并且还刷上了明快的绿色。她还运用了其他一些来自贫民窟的非常明快的颜色：鲜亮的蓝色和黄原色，以突出展示混凝土的形式美。

体育馆室内景。

学校入口。

上图：
内庭院，楼梯间对应的绿色墙面格外醒目。

下图：
连廊二层的室内景。

内庭院。

附录

作者介绍

玛丽·埃莱娜·孔塔尔，1956年生于法国南锡，在南锡学习建筑学并在巴黎研究政治学和城市化问题，1981年获得学位。1982年从业并负责维泰勒（Vittel）的大型项目，之后在 Archi-Créé 杂志社专职从事建筑评论。

1991年，她被任命为埃米利·比亚斯尼（Emile Biasini）内阁公共建筑项目的国家顾问，负责大型工程中的文化项目的指导工作，直至2001年她被任命为巴黎建筑博物馆下属的法国建筑研究所（IFA）的副所长。

从那时候开始，她就一直负责科研和教学活动，策划了众多受到法国国内和国际赞誉的博览会、论坛以及出版物等等，例如关于奥地利福拉尔贝格地区理性建筑学派的"建设挑战"（Constructive Provocation）论坛，可谓可持续设计领域的一个里程碑。

她所撰写的在走向可持续发展的建筑及政治背景环境下，当代规划师和建筑师应该扮演的角色等方面的评论文章已经在欧洲多个国家发表。

作为"EU Culture 2000"欧洲项目的代表，她发起了面向专业人士和广大公众的关于可持续建筑的gau:di 行动，开办了两年一度的欧洲可持续建筑学生设计竞赛、面向儿童的教学项目、先锋派建筑师遗产的档案整理工作，此外还为建筑评论家建立了一个国际性的信息交流平台等等。

2006年以来，她作为巴黎建筑博物馆（the Cité de l'Architecture）以及由专业建筑研究中心和建筑院校成立的一个国际科学委员会的代表，负责全球可持续建筑奖的组织建设工作。

2009年，她担任了"国际可持续建筑实践"（International Experiences in Sustainable Architecture）的策展工作，这个展览是在巴黎建筑博物馆中举办的"生态栖息地"（The Ecological Habitat）主题展览的组成部分。

贾娜·雷维丁，1965年生于德国康斯坦斯（Constance），先后在布宜诺斯艾利斯、普林斯顿和米兰理工大学学习建筑学。1991年，她以题为"德国先锋派社会建筑中的开放空间理念"的论文获得米兰理工大学的学位。同年，她开始在威尼斯大学担任阿尔多·罗西的助教，并获得了建筑学教学方面的任教资格，并以"纪念碑和现代性：先锋派城市建设中的元素"的论文获得了博士学位。

1996年，她在威尼斯和奥地利的菲拉赫开始了个人的建筑实践工作。她的这个职业决定——立刻在全欧洲范围内开始建筑实践工作——最终被证明具有决定性的意义，这让她有机会接触到可持续建筑领域的最新的研究成果。她所接受的意大利以及理性主义德国的双重文化教育，赋予她看待这项运动的独特视角。

作为建筑师，贾娜·雷维丁偏好木结构以及利用当地的、可循环利用的材料实施建造的可持续发展的混合结构，她的作品包括被动式节能住宅、公共建筑等，在历史建筑的改造和室内设计方面也颇有建树。

她专长于早期德国现代主义的研究，发表了大量关于现代主义运动中的建筑和公共空间方面的著作。

2005年，她被选作两年一度的欧洲可持续建筑学生竞赛的策划人，该竞赛由巴黎建筑博物馆发起，专业大学欧洲网协办。

2006年，她创立和策划了全球可持续建筑奖，这是首个用来表彰世界范围内优秀的可持续设计作品的国际建筑奖项。

托马斯·赫尔佐格，1941年出生于慕尼黑，1971年开设了自己的事务所，自1974年起，在卡塞尔（Kassel）、达姆斯塔特（Darmstadt）和慕尼黑等地的大学担任建筑学教授；2000～2006年任慕尼黑工业大学建筑系主任；北京清华大学客座教授；宾夕法尼亚大学（PENN）特聘教授。担任1996年第4届欧洲"建筑及城市规划中太阳能应用"大会的主席。主要奖项：密斯·凡·德·罗奖，1981年；奥古斯都·佩雷建筑技术奖，1996年；欧洲"太阳能建筑"奖，2000年；Heinz-Maier-Leibnitz 杰出贡献奖章，2005年；欧洲建筑及技术奖，2006年；国际建筑奖，芝加哥，雅典之城，2007年；全球可持续建筑奖，巴黎，2009年。

获奖者介绍

斯特凡·贝尼施，德国

　　斯特凡·贝尼施（1957 年出生），是当前最有前途的欧洲建筑师，他把欧洲已经应用在实践中的可持续建筑技术引介到了美国。他的这些项目的合作方是超日气候工程公司。通过马萨诸塞州剑桥市的实验楼（健赞中心）以及加拿大安大略省多伦多市的细胞和生物分子研究中心这两个项目，建筑师斯特凡向人们证明，在美国、在可接受的预算条件下，这些高标准也是完全可以实现的。贝尼施目前接受了给享有盛誉的哈佛大学设计 10 万 m² 的奥尔斯顿科学综合中心的委托，为了常春藤盟校，他正朝着建筑的更高标准努力前行。

法布拉齐奥·卡罗拉，意大利和马里

　　法布拉齐奥·卡罗拉，1931 年生于那不勒斯，1956 年毕业于布鲁塞尔的 ENSA 建筑学院（ENSA de la Cambre），1961 年毕业于那不勒斯建筑学院（Naples Faculty of Architecture）。1971 年，通过马里的一个项目，法布拉齐奥·卡罗拉对非洲产生了了解。长久以来，他主要是与联合国教科文组织和很多非政府组织合作，为这片大陆工作。他的主要作品包括：毛里塔尼亚的 Kaedi 医院 (1984)；马里莫普提撒赫勒地区 (Sahel) 适宜建筑技术培训及研究中心（马里，1995）。1985 年，他成立了那波里协会（Napoli）：欧罗巴—非洲（N: EA）协会并担任负责人。1995 年他获得了阿卡汗建筑奖 (Aga khan Prize)。他经常会受到来自巴塞罗那、热那亚、布鲁塞尔、格勒诺布尔以及其他欧洲城市的邀请，前去讲授有关弧形建筑表面的施工技术。

巴克里斯纳·多西，印度

　　巴克里斯纳·多西，1927 年生于印度的浦纳 (Poona)，英国皇家建筑学会会员以及印度建筑学会成员。最初在印度孟买的 Sir J J 建筑学院学习，随后作为高级设计师在巴黎为勒·柯布西耶工作了 4 年时间（1951～1954 年），在这之后，为了监督他在艾哈迈达巴德项目的实施，他在印度工作了 4 年多的时间。他在 1955 年成立了自己的工作室——Vāstu-Shilpā（环境设计）。路易·康在为艾哈迈达巴德设计印度管理学院时，多西和路易·康、安南特·拉耶都曾有过密切的

合作。1958 年，他成为格雷汉姆高等美术研究基金会成员。多西曾担任过诸多国际竞赛及国内竞赛的评委，其中包括参与了英迪拉·甘地国家艺术中心和阿卡汗建筑奖的评选工作等。

Elemental事务所/阿莱桑德罗·阿拉维纳，智利

　　阿莱桑德罗·阿拉维纳，1992 年毕业于圣地亚哥教会学院（the Catholic University of Santiago），随后在威尼斯著名的威尼斯大学学习建筑历史及理论，之后于 1994 年回到智利定居。他曾经在哈佛大学、巴塞罗那大学任教，目前在自己的母校教书。2000 年，他加入 "Elemental" 事务所并于 2006 年担任负责人。他的个人作品广泛发表并为人们所熟知。1991 年，他获得了威尼斯双年展的特别提名；2004 年，他被《建筑实录》(Architectural Record) 杂志评选为 10 大最有潜力的建筑师；2006 年，荣获艾瑞克·谢林奖（Erich Schelling）。Ed Arq 出版社出版了他的多部建筑理论专著。

弗朗索瓦兹·埃莱娜·朱达，法国

　　弗朗索瓦兹·埃莱娜·朱达在法国很早就为人们所知，这是因为她将自己对后工业时代新的基本法则的敏锐性融入到了她对建筑之美的研究之中。作为可持续发展领域的先锋人物，她专注于材料和能源的节约利用、生活与工作中的新方法的研究以及村镇及城市发展等方面的问题。由于她曾在德国和奥地利担任教授和建筑师，因此在欧洲，她成为可持续发展研讨领域的中心人物。她奉行建筑学术研究，关注新技术、社会动态和城市问题。她的实践主义精神促使她成立了 Eocité 委员会，这是一家关于可持续发展的顾问咨询委员会，专门从事在城市开发项目启动前期，帮助建筑公司、当地议会成员及市民寻求合作机会的工作。

赫尔门·考夫曼，奥地利

　　1955 年生于奥地利路易特（Reuthe）的赫尔门·考夫曼出身于一个销售木工工艺品的商业世家。在帮着父母照顾生意的时候，他对木材这种建筑材料产生了浓厚的兴趣，同时也形成了他的技术思维方式，从而在根本上塑造了他的建筑风格。他毕业于因斯布鲁克工学院和维也纳工学院。1983 年，在参加工作 2 年之后，他与 Christian Lenz 在奥地利的施瓦察赫共同成立了自己的建筑事务所。住宅——特别是使用木材的项目以及与能源消耗相关的项目——以及学校和公共

建筑是他最为关注的内容。自 2002 年起，他成为慕尼黑工学院的建筑学教授。

乡村工作室/安德鲁·弗里尔，美国

安德鲁·弗里尔，毕业于伦敦英国建筑联盟学院，是一位来自约克郡的英国人。他曾先后在伦敦和芝加哥工作过，并在芝加哥成为伊利诺伊州大学设计专业的教授。此后，他加入了乡村工作室并担任副主任，负责本科生的课程教学。2002 年，他接替莫克比成为乡村工作室的主任。2005 年，安德鲁获得了美国乡村社会学会（Rural Sociological Society）授予的"乡村生活杰出贡献奖"。2006 年，他获得 Ruth and Ralph Erskine 北欧基金会奖。此外，他还非常积极地成为阿拉巴马州托马斯顿的乡村传统基金会的成员，同时也是阿拉巴马州纽伯恩消防署的一位志愿者。

菲利普·萨米恩，比利时

生于 1948 年的菲利普·萨米恩是一位拥有土木工程工学硕士学位（麻省理工学院，1973 年）的土木工程师（布鲁塞尔大学，1971 年），同时也是一位拥有坎布雷建筑学院（La Cambre School，1985 年）建筑学学位和列日大学结构力学博士学位（U. Liège，1999 年）的土木城市设计工程师。1980 年，他成立了萨米恩及合伙人事务所，目前在盎格鲁—撒克逊设计风格方面已经成了一家重要的建筑和工程事务所。他在坎布雷大学讲授稳定性与结构设计课程，此外，还在蒙斯大学和布鲁塞尔大学的土木工程系中任教。1992 年，他成为比利时皇家科学、艺术和文学学会的会员。菲利普·萨米恩的目标是，在结构观念及能源与材料的高效利用方面开辟新的思路。

卡琳·斯玛茨，南非

卡琳·斯玛茨 1960 年生于比勒陀利亚，1984 年毕业于开普敦大学(UCT)。1989 年，她成立了 CS 工作室，承接各种规模的工程：大型项目如兰斯堡的多功能中心以及开普敦大学的扩建工程等，此外也设计乡村社区旅店、社区中心以及最近的 Caledon-helderstroom 监狱等项目。作为公认的"低造价住宅"专家，卡琳·斯玛茨经常会接到国外类似项目的设计工作，例如 2000 年，她曾接受了"无地农民运动组织"（MST）的邀请去了巴西。她在南非和纳米比亚的很多大学里举办讲习班。

王澍，中国

王澍，生于 1963 年，他是中国最具有实验精神也是最直言不讳的建筑师之一。2006 年的威尼斯建筑双年展上，他代表中国参展的作品"瓦园：一位建筑师和一位艺术家关于超越城市的对话"震惊了世界。在这个作品中，他采用中国的灰瓦铺就了一片灰色的海洋，一座竹桥横跨其上。这些成千上万的瓦片来自中国的拆迁工地，在那里，老房子正在被新的建筑综合体所取代。王澍向人们展示了这些回收的、随处可见的材料（瓦和砖）是如何在非常现代的建筑项目中加以利用的。其作品直指当今中国随处可见的大规模拆迁行为，同时探讨了如何在飞速变化的环境中保留传统栖居模式的问题。王澍现任杭州中国美术学院建筑系主任及教授。

图片致谢

Albertina Wien, Adolf Loos Archiv　第 11 页下图

Amateur 建筑工作室（Amateur Architecture Studio）　第 86 页上图，第 87 页下图，第 90 页，第 91 页上图

Arban, Tom　第 15、19 页，第 20 页下图

Bastinc, C. & Evrard, J.　第 145 页，第 147 页左图

（Bauhaus Archiv Berlin）　第 10 页上图

贝尼施建筑事务所（Behnisch Architekten）　第 20 页上图，第 22 页左图、右图，第 23 页上图、下图，第 24 页，第 26 页上图，第 27 页下图

Carola, Fabrizio　第 97、108 页

Clearey, Melanie　第 172、173 页，第 174 页下图

Cook, David　第 20 页中图

Coolens & Deleuil　第 151 页上图

CS Studio　第 163 页，第 165 ~ 167 页，第 168 页左上图、右上图，第 169 页

De Coninck, Jan　第 154 页左图

Elemental 事务所　第 10 页下图，第 113、115 页，第 118 页左下图，第 120 页下图，第 122、123 页，第 124 页左上图、右上图、下图，第 125 ~ 127 页

Gandhimurthy, Jagadishkumar　第 45 页左下图、右下图

Hammer, Manfred Richard　第 36、37 页

Hermann Kaufmann ZT GmbH　第 63 页上图、下图，第 64 页，第 67 页上图，第 69 页上图，第 71 ~ 76 页，第 78 页下图

Herzog+Partner　第 177 页下图

Hoof, Khushnu Panthaki　第 30 页下图

Hursley, Timothy cover illustration　第 129、131、135、136 ~ 138 页，第 140 页左图，第 141 页上图，第 141 页右下图，第 143 页

Jana Revedin Architetcs　第 177 页右上图、左上图

Jourda Architectes Paris　第 12 页中图，第 49、52 ~ 57 页，第 58 页下图

Kandzia, Christian　第 27 页上图

Klomfar, Bruno　第 61、65、66 页，第 67 页下图，第 68 页，第 69 页左下图、右下图，第 77 页，第 78 页上图，第 79 页

Kunstbibliothek Berlin, Tessenow Archiv　第 12 页上图

Lambro　第 161 页，第 165 页上图，第 168 页下图

纽约现代艺术馆，密斯·凡·德·罗资料馆（Museum of Modern Art New York, Mies van der Rohe Archive）　第 9 页上图

Nachrichtenamt der Stadt Köln　第 8 页

Pahad, Himansu　第 33 页，第 34 页下图

Pandiya, Yatin　第 30 页上图，第 40 页左上图、下图

Plissart, Marie-Françoise　第 147 页右图，第 149 页，第 152、153 页，第 155 页

Rahn, Ben　第 21 页

Revedin, Jana　第 9 页下图，第 11 页上图，第 12 页中图、下图，第 17 页，第 26 页下图，第 58 页上图，第 59、82、83、97 ~ 99、101 ~ 107、109、111、133 页，第 134 页左上图、左下图，第 139、162、170 ~ 171 页，第 174 页上图，第 175 页

Richters, Christian　第 156、157 页，第 158 页上图、右下图，第 159 页

Rural Studio / Will Brothers, Elizabeth Ellington, Matt Finley, Leia Price　第 134 页右下图

Rural Studio / Forrest Fulton, Adam Gerndt, Dale Rush, Jon Shumann　第 140 页右图，第 141 页左下图

Rural Studio / Gabe Michaud, Jared Fulton, Marion McElroy, Bill Nauck　第 142 页左图、右图

Saillet, Erik　第 47、48 页

Samyn and Partners　第 146、150 页，第 151 页下图，第 154 页右图，第 158 页左下图

Schodder, Martin　第 25 页

Vāstu Shilpā Foundation　第 29、31、35、38、39 页，第 40 页右上图，第 41 ~ 43 页，第 44 页左图，第 45 页上图

王澍（Wang Shu）　第 81、85 页，第 86 页下图，第 87 页上图，第 88、89 页，第 91 页下图，第 92 ~ 95 页

　　本书作者和出版社在此向摄影师、建筑师和相关机构慷慨地允许我们在本书中使用相关照片及图纸而表示感谢。我们为了能够找到这些照片的版权持有者，可以说是想尽了办法。但是对于其中的无心疏漏，我们事先在此表示歉意，我们将非常愿意在本书后续的任何版本中加入恰当的致谢。